돌로레스 카렌

그녀는 자녀를 올바르게 키우는 법
과 건강한 가족 생활에 대해 많은
글을 썼으며 강의도 꾸준히 해오고 있다. 지금까지 베스트셀러인 〈건강한 가정의 특징〉
을 포함해 모두 14권의 책을 집필했고, 〈리더스 다이제스트〉〈맥콜스〉〈레드북〉〈부모
잡지〉 등에 기사를 쓰기도 하였다. 현재 장성한 세 자녀를 두고 있으며 남편 짐과 함께
미국 콜로라도 주의 리틀톤에 살고 있다.

'안돼' 엄마 '싫어' 아이

평화롭게 싸우는 방법

옮긴이 이영미
1962년 부산에서 태어났으며 1985년 이화여대 중문학과를 졸업하였다.
이후 방송구성작가와 번역가로 활동하면서 좋은 책을 소개하고자 애쓰고 있다.

'안돼' 엄마 '싫어' 아이
평화롭게 싸우는 방법

초판 1쇄 발행   2000년 10월 25일
초판 7쇄 발행   2006년 12월 15일

지 은 이   돌로레스 카렌
옮 긴 이   이영미
펴 낸 이   권성자
펴 낸 곳   아이북

주   소   136-032 서울시 성북구 동소문 2가 16번지 청암빌딩 7층
전화번호   (02)3672-7814
팩시밀리   (02)745-5994
e-mail   ibookpub@hanmail.net
출판등록   등록번호 10-1953호 등록일자 2000년 4월 18일

ISBN 89-951398-2-X 13590

값 8,500원

TIRED OF ARGUING WITH YOUR KIDS
by Dolores Curran

'안돼'엄마 '싫어'아이

평화롭게 싸우는 방법

돌로레스 카렌 | 이영미 옮김

아이북

돌로레스 카렌은 우리의 일상 생활 속에서 흔히 볼 수 있는 사례들을 생생하게 다루고 있다. 이를 통해 독자들은 가정 내에서 일어나는 문제가 자신만이 겪는 어려움이 아니라 모든 부모들이 다같이 겪는 어려움이라는 사실을 마음 편안하게 받아들일 수 있도록 해준다.
— 조지 뎁(가정복지연합, 산호세, 캘리포니아)

한마디로 멋진 책이다! 카렌은 부모들이 어떻게 해야 하는지를 구체적으로 설명하고 있다. 규칙을 정하는 방법은 물론이고 아이들이 반항을 하거나 억지를 부릴 때, 또 싸움을 걸어올 때 효과적으로 벗어날 수 있는 방법을 명쾌하게 가르쳐주고 있다.
— 존 코모 박사(가정복지국, 미네아폴리스, 미네소타)

아이들이 소란을 피우고 말썽을 부릴 때, 부모들이 어떻게 대처할지를 잘 알려주고 있다. 예리한 통찰력과 유머가 담긴 책이다.
— 머지 피터슨(아동발달센터, 덴버, 콜로라도)

이 책은 우리가 흔히 겪게 되는 생활 속의 문제들을 다루고 있으며, 그 문제들을 어떻게 해결하면 좋을지에 대해 편안하게 쓰고 있다. 그리고 실천 가능한 충고만을 해주고 있으며, 번뜩이는 지혜를 담고 있다.
— 짐 매그너스와 케시 매그너스(평화와 정의를 위한 연구소, 세인트루이스, 미조리)

매일 우리 가정에서 일어나는 문제들을 아주 쉽게 해결해내고 있다. 카렌은 정말 최고다!
— 린다 존슨(부모교육센터, 달라스, 텍사스)

감사의 말

멋진 경험담과 기발한 아이디어, 유익한 얘기를 들려주신 많은 부모님들과
교육학자들께 이 책을 바칩니다. 그들은 정말 훌륭한 분들입니다.
그들은 아이들을 키우면서 터득한 지혜와 생생한 경험담을 저에게 성의껏
들려주셨습니다. 거기서 깨달은 교훈은 바로 "좀더 기쁜 마음으로
아이들과 씨름하는 그 시기를 마음껏 즐기라"는 것입니다.

차례

경험자들이 권하는 멋진 방법들

아이들이 가장 재밌어하는 놀이
'엄마에게 싸움 걸기'

"하기 싫어!"

아들은 언제나 그렇듯이 오늘도 또 툴툴거리기 시작했다. 나는 원래 좀 몸이 약한 편이라 늘 오후 무렵이면 진이 빠지곤 했다. 그런데다 오늘은 더 기운이 없어서 힘빠진 목소리로 대꾸했다.

"그래, 그럴 수도 있겠다. 니 말이 맞을지도 몰라."

8

그러자 아들은 약간 당황한 듯 멈칫 했다. 뭔가 이상하다 싶었던 모양이다. 평소 아들녀석은 조금 심심하다 싶으면 나한테 시비를 걸었고, 그렇게 싸움이 시작되면 우리는 서로 자기 주장만 늘어놓다가 급기야는 언성을 높이고 이런저런 변명과 잔소리가 이어지곤 했다. 그런데 이번엔 아들녀석과의 싸움에 말려들지 않았다. 어떻게 그럴 수 있었을까?

아들녀석은 평소와는 많이 다른 나를 물끄러미 바라보며 이렇게 물었다.

"엄마, 어디 아파?"

"너무 피곤해서 싸우기 싫어."

그러자 아들녀석은 "알았어" 하고는 내가 시킨 일들, 그러니까 양말과 옷가지들을 주섬주섬 치우기 시작했다.

아니, 어떻게 이런 일이…?

엄마로서의 품위를 잃지 않으면서도 아이와의 싸움을 피한 것이다. 이건 내게 혁명과도 같았다. 솔직히 말해, 나 역시 다른 엄마들처럼 아이와 싸우며 지냈다. 아들이 '하기 싫어!' 하면서 늘 써먹던 수법대로 싸움을 걸어오면 어떻게 대응해야 할지 난감하기만 했다. 결국 내가 선택할 수 있는 방법은 '너 좋을 대로 해' 라는 대답이었다. 다행히 오늘은 이로써 모든 입씨름을 끝낼 수가 있었던 것이다.

하지만 나의 예상은 보기 좋게 빗나갔다. 정말이지 아이들은(경험 많은 부모들에게도) 예측 불가능하고 변화무쌍한 존재다.

갑자기 아들녀석은 엉덩이를 실룩대면서 버릇없이 말했다.

"안 해도 되면 아예 할 필요가 없는 거잖아."

항상 그렇듯이 나는 머리끝까지 짜증이 났지만 아들녀석이 가장 좋아하고 재밌어하는 놀이 – 엄마에게 싸움 걸기 – 에 말려들지 않기 위해 꾹 눌러 참았다. 그리고는 한숨을 쉬며 말했다.

"니 기분이 어떤지 알 것 같구나. 그렇게 하기 싫으니?"

이 말을 듣자 아들은 잠시 머뭇거리더니 이렇게 말하는 것이었다.

"하여튼, 난 안 할 거라니까. 엄마가 시켜도 안 해."

나는 잠자코 아이를 바라보다가 밖으로 나가려는 아이를 향해 말했다.

"일을 다 끝내면 나한테 얘기해줘."

그리고는 내가 먼저 나가버렸다.

잠시 후 아이는 나의 작전을 눈치챘고, 역시나 내가 시킨 일을 하지 않았다. 기선을 제압해야겠다는 생각이 들었다. 절대 아들녀석과 협상하기 싫었다. 그래서 녀석이 간식을 먹든, 텔레비전을 보든, 밖에서 놀든, 밥을 먹든… 무슨 일을 하든 잠자코 기다리기만 했다. 단 이렇게 말하면서.

"이 잡동사니들을 치우지 않으면 좋지 않을 거야."

드디어 아들은 눈치챘다. 엄마가 자기랑 싸우지 않고 계속 같은 말만 되풀이하리라는 사실을 말이다. 녀석은 그때부터 방법을 바꿀 수밖에 없었다.
왜냐? 더 이상 '하기 싫어' 가 아무런 효과도 발휘할 수 없었으니까.
자기 의견에 동의하는 사람과 싸우기란 어려운 법이다.

경험자들이 권하는 멋진 방법들,
아이와의 싸움에서 벗어나게 해준다

이 장면은 내가 과거 수년 간 세 아이와 되풀이한 것이다. 아이들과의 입씨름은 쓸데없는 일이다. 더구나 이러한 입씨름은 소모적이고 비생산적이다. 다시 말해, 부모들이 자녀 교육에 필요한 많은 에너지를 가치 없는 곳에 써버리고 나면, 아이들은 지겹고 미운 존재가 될 것이다.

그런데 많은 부모들이 아이들과 입씨름은 잘 벌이지만 변화의 물꼬를 트는 법은 잘 모르고 있다. 이 책은 바로 이 점을 다루고 있다. 지난 수년 간 나는 아이들이 쓸데없는 질문을 해대거나 툴툴거리는 것, 비난하기, 시비걸기에 대한 효과적인 해결책을 연구해왔다. 내 나름의 지혜와 해결 방법뿐 아니라 다른 부모들의 방법도 많이 참고했다.

우리 부모들은 서로 자신의 경험과 지혜를 함께 나눠야만 한다. 20년 전, 스테이크가 몸에 좋은지 나쁜지를 두고 네 살배기 아이와 입씨름하지 말고 좀더 멋지게 해결했더라면 좋았을 것이다. 그때 난 다투었다. 하지만 지금은 "그래 니가 맞아" 하며 인정해줘버리고 즐겁게 식사 준비를 한다.

아이들을 다 키운 부모들은 지혜로운 충고를 해준다. 이들은 부모가 품위나 절제를 지키면서 아이와의 싸움을 피하는 법을 알고 있으며 자신들이 터득한 경험과 시행착오를 다른 부모들에게 알려주고자 한다.

싸움 A, 싸움 B… 그리고 싸움 M
간단하고 재미있는 이름을 정하라

언젠가 부모교육 세미나에서 한 젊은 엄마가 자신의 어려움을 호소했다. 그건 엄마들이 흔히 갖는 절망감이었다.

"우리는 매일 똑같은 싸움을 하고 있어요. '방청소는 얼마나 깨끗하게 해야 하는 거야? 잠깐 동안이라는 건 얼마나 긴 시간이야?' 하면서 마구 쏟아냅니다. 이런 싸움을 그만둘 수는 없는 건가요? 싸우는 게 지겨우면서도 우린 어쩔 수 없이 계속 싸우고 있어요."

다른 부모들도 모두 그녀의 말에 고개를 끄덕였다.

마침 그 자리엔 아들, 며느리와 함께 참석한 한 할머니가 앉아 계셨다. 그런데 그 아들이 할머니를 쿡쿡 찌르며 큰 소리로 이렇게 말하는 것이었다.

"어머니가 옛날에 저희한테 썼던 방법을 한번 말씀해보세요. 도움이 많이 될 거예요."

그 얘기에 할머니와 아들은 한바탕 박장대소를 하고는, 곧이어 할머니께서 이렇게 얘기하기 시작했다.

"나 역시 예전에 아이들을 키울 때 당신하고 똑같은 경험을 많이 했어요. 그래 난 아이들과 함께 방청소에 관한 싸움은 '싸움 A'로 정하자고 했죠. 그리고 소파 등받이에 앉는 것에 대한 싸움은 '싸움 B'로 정했구요. 나머지도 그렇게 하나씩 이름을 붙였답니다. 그런 다음 매번 싸울 때마다 같은 말을 되풀이하지 않고 '싸움 M'이라고 말하면 말과 에너지를 아끼는 거라고 아이들한테 설명해줬어요. 나중에 이건 하나의 게임이 됐고, 정말이지 효과적이었죠."

와우! 우리 아이들이 어렸을 때 만약 그런 생각을 할 수만 있었다면 반항하는 아이들을 강력한 힘으로 설득시킬 수 있었을 텐데….

난 토론을 이끌어나가는 리더로서 시종 말없이 있다가, 부모와 자녀 간에는 싸움이 가장 큰 문제라는 것을 깨닫고는 흥분했다. 내가 다시 세 아이를 키우게 된다면 더 많이 인정하고 무시할 건 무시하고 웃으면서 넘길 수 있으리라. 그리고 쓸데없는 주장이나 잔소리 늘어놓기, 또 어정쩡한 협상 따위는 안 할 것이다.

다시 한번 그 시절로 돌아갈 수 있다면 아이들이 놀다가 싸울 때 "누가 먼저 싸움을 걸었니?" "왜 이런 일이 생긴 거지?" "누가 먼저 공을 갖고 있었어?" "왜 넌 이걸 빼앗으려고 했지?" "니가 형한테 그렇게 말했어?" "우리 집에선 해서 안 되는 일이라는 걸 넌 알아야 해" 하면서 끊임없이 질문을 해대는 심판관 노릇은 안 할 것이다.

똑똑한 아이는 똑똑한 부모와
싸우면서 자란다

차츰 나이가 들면서 나는 부모 노릇이 노련해졌고 아이들의 싸움은 아이들의 싸움으로 내버려두어야 하며, 아이들이 부모의 개입 없이도 사이좋게 지내는 걸 배울 필요가 있다고 생각하게 되었다.

대신 아이들이 싸울 때는 내게 안 들리는 정도로 싸우라고 했다. 싸움이 격렬해지면 "같이 못 놀겠다면, 놀지 말아. 너희도 다 컸으니까 한 시간 정도는 떨어져 지내도록 해"라고 아이들을 떼어놓았다.

하지만 고백하건대, 나 역시 예전엔 다른 젊은 부모들처럼 우리 아이들이 나를 들볶고 있다고 생각했다. 끊임없이 불평불만을 늘어놓고, 나한테 반항하고 투덜거리고, 또 쓸데없는 질문을 해대면서 말이다. 그러면서 또 생각했다. 훌륭한 부모라면 이런 말도 안 되는 싸움을 하지 않을 것이고, 마법의 열쇠를 얻기만 하면 아이들과 싸우지 않을 수 있으리라. 나의 기대와 권위도 존중받으리라.

그런데 그게 아니었다. 아이들은 그냥 반항했다. 단순하다면 단순한 논리가 여기에 숨어 있다. 똑똑한 아이는 똑똑한 부모와 싸우면서 자라게 되어 있다. 어떤 이는 아이들의 자기 주장은 표현의 한 수단이며 집 안에서부터 독립심을 배워가는 과정이라고 설명한다. 요즘 아이들은 말없이 순종하는 것을 미덕이 아니라 나약함으로 풀이한다. 이제 착한 아이가 많았던 시대는 지나갔다. 어느 누구도 과거로 돌아가고 싶어하진 않을 것이다.

아이들은 약한 존재이다.
화를 내기 전에 다시 한번 생각하라

물론 많은 부모들은 아이들의 의견을 무시하지 않고 서로 대화를 나누는 게 좋다고 생각하고, 아이들이 반항할 때마다 매번 의견을 절충하려고 한다. 그러면서도 혼란스러워한다. 아이들이 싸움을 걸어올 때마다 순순히 넘겨야 할지, 아님 일일이 대화를 해야 할지…. 오늘날 부모 자식 간의 사소한 문제들이 사회 문제로까지 비화되면서 많은 부모들이 힘을 잃어가고 있으며, 아이들과 보내는 시간이 마냥 즐거운 게 아니라 그저 참아내야 하는 것이 되어버렸다.

아이들은 우리를 약올리려고 애쓰는 건 아니다. 아이들은 약한 존재이기 때문에 우리를 그냥 한번 건드려보는 것이다. 힘없는 사람들이 종종 잔머리를 굴리듯 아이들은 끊임없이 대들고 칭얼거리고 "왜?"라고 질문을 던지면서 부모를 성가시게 하는 것이다.

부모들은 아이들이 반항할 때보다 싸움을 걸어올 때 더 화를 낸다. 화가 치밀어오를 때, 현명한 부모라면 한번쯤 스스로에게 이런 질문을 던져볼 필요가 있다.

'과연 지금 이 문제가 본질적인 문제인가, 아니면 단순히 아이들이 건 싸움에 말려든 것인가?'

지난 20년 동안 나는 수천 명의 부모들을 대상으로 부모교육을 해왔고 세미나도 개최하였다. 그때마다 늘 같은 문제가 되풀이되었다. 나를 포함해 많은 부모들은 아이들이 싸움을 걸 때면 거의 아무 생각 없이 즉각즉각 대응하고 만다. 대충대충 말하고 대꾸해버리는 것이다. 그러면서도 항상 "나는 애썼어"라고 주장한다.

아이가 싸움을 걸어오면
엉뚱한 말로 관심을 돌려보자

부모들과 함께 이런저런 경험과 방법들을 얘기하다보면 간혹 이렇게 질문하는 분들이 있다.

"세상에, 그런 방법을 어떻게 알아내셨어요? 좋은 방법 같긴 한데, 생전 처음 들어보는 거라 나라면 어떻게 해야 할지 잘 모르겠군요."

이것이 우리의 현실이다. 그래서 나는 가능한 한 우리가 흔히 겪게 되는 구체적인 싸움의 상황을 예로 들어 설명하고자 한다. 부모들의 스타일은 아주 다양하기 때문에 각각에 맞는 해결 방법을 제시하고자 하는 것이다. 어떤 부모들은 이런 해결책이 너무 간단한 방법이라고 여긴다. 또 성의 없고 불친절한 답변이라고 받아들이기도 한다. 만약 그렇다고 생각한다면 그 방법을 쓰지 않아도 된다. 왜냐하면 자신의 개성이나 양육 스타일에 맞지 않는 방법을 쓰면 불편하게 마련이니까.

가장 중요한 것은 각각의 개별적인 문제를 어떻게 해결하는가 하는 점이다. 그렇다면 여기서 개인적인 얘기를 한번 해볼까 한다.

우리 어머니는 10년 동안 일곱 명의 아이를 낳아 키우셨는데, 나름대로 아이들과의 싸움에 말려들지 않는 법을 터득하고 계셨다. 우리가 계속해서 엉뚱한 질문을 해대고 끊임없이 "왜요?"라고 물어보는 통에 심신이 지칠 때면, 어머니는 밝게 웃으시면서 "스트로베리 케이크"라고 짧게 대꾸했다. 그 말을 듣는 순간 우리는 알 수 있었다. 어머니가 우리와 더 이상 다투지 않겠다는 것을. 무슨 얘기를 하고 있든지 간에 어머니가 "스트로베리 케이크"라고 말하면 그때부턴 아무리 투덜거려도 소용없는 일이었다.

물론 그렇다고 해서 쉽사리 물러날 우리가 아니었다. "엄마, 스트로베리 케이크가 뭐야?" "그걸로 뭘 할 건데?" 하며 집요하게 물고 늘어졌다. 그러면 어머니는 이번엔 "옥수수빵 마플 시럽" 이렇게 대꾸하는 것이었다. 결국 우리는 게임에 지치게 되었고, 그러는 사이 짜증도 가라앉고 어느 순간 무얼 가지고 싸움을 걸 것인가에 대해 잊어버리게 되었다.

싸워야 할 일과
싸울 필요가 없는 일을 구분하자

부모들은 거의 대부분 아이들이 기분 나빠하거나 짜증을 내면 못 견뎌한다. 특히 아이들이 자신을 싫어하면 무척 괴로워한다. 어른들은 스트레스를 받으며 살지만 아이들은 언제나 밝게 웃어야 한다고 생각하고, 아이들이 기분 나빠하면 그것이 부모 탓이라 여긴다.

18

늘 죄책감에 시달리는 이런 유형의 부모들은 어쩌다 아이들이 "난 엄마가 싫어" "우리 아빠가 아니었으면 좋겠어"라고 말하면 거의 죽고 싶은 기분 이 든다고 한다.

독자들은 이 책에서 몇 가지 원칙을 발견할 것이다. 우선, 아이들이 부모 를 좋아하지 않아도 상관없다는 것이다. 사실 싫어한다는 것은 적대감이 기도 하다. 아이들은 "엄만 정말 나쁜 엄마야"라며 부모의 죄책감을 건드 리는데, 이때 부모는 화를 내거나 죄책감을 느끼거나 사과를 하거나 인정 을 하는 등 몇 가지 형태로 반응하게 된다.
나는 이 여러 가지 반응들 가운데 '인정하라'고 권하고 싶다. 화 를 내면 힘만 빠지고, 사과를 하거나 죄책감에 사로잡히면 싸움에 지고 만 다. 아이들이 불평할 때 담담한 어조로 "그래, 니 말이 맞다"라고 대꾸해 버리는 것이다. 이것은 부모가 아이들과 더 이상 싸우지 않겠다는 뜻이다.

하지만 주의할 것이 있다.
내가 말하고자 하는 것은, 그렇다고 해서 부모들이 늘 아이의 말을 무시하 라는 게 아니다. 우리도 틀릴 때가 있고, 얘기를 들어야 할 때가 있고, 행 동을 설명해야 할 때가 있다. 그런가 하면 하던 일을 멈추고 주의 깊게 듣 고 대답해야 할 때도 있다.

우리는 싸울 일과 싸울 필요가 없는 일을 구별해야 한다. 이것이 가능하다면 우리는 진정으로 필요한 감정 교류와 대화에 많은 정성을 쏟을 수 있다.

부모의 관심을 끌기 위해, 심심해서, 집안일을 하지 않으려고, 부모의 권위에 반항하기 위해 아이들은 억지를 부린다. 이러한 아이들의 억지는 해결되지 않고 우리의 가정에서 날마다 일어나고 있다. 이 책에서는 매일 되풀이되는 짜증스러운 일을 해결하면서 우리의 정성을 가치 있는 일에 쏟을 수 있게 해줄 것이다.

무조건 '싫어'를
외치는 아이들

무조건 '싫어!'를 외치는 아이에겐
지금껏 해주던 일을 중단해보자

"로라, 이제 옷 갈아입고 피아노 배우러 갈 시간이다."

로라의 엄마, 베스는 시계를 가리키며 말했다.

텔레비전을 보던 로라는 마지못해 의자에서 일어나면서 투덜거렸다.

"알았어. 근데 왜 옷을 갈아입어야 돼?"

"그건 집에서 입는 옷이잖아. 피아노 선생님에 대한 예의도 있으니까 깨끗한 옷으로 갈아입어야지."

하지만 로라는 고집을 부렸다.

"싫어!"

베스는 화가 났지만 되도록 부드럽게 말했다.

"우선 옷부터 갈아입은 다음에 얘기하자. 니가 옷을 다 갈아입으면 엄마가 차로 데려다줄게."

고집쟁이 아이를 다루는 베스의 솜씨가 아주 훌륭하다.

그녀는 아이에게 '옷 갈아입어라!' 하지 않고, 단지 '옷 갈아입을 시간이다'라고 말하고 있다. 또 로라가 왜 옷을 갈아입어야 하는지 그 이유를 대라고 했을 때 확실한 태도로 두 가지 이유를 들어주었다.

더욱이 로라가 "싫어!" 하고 심통을 부릴 때 베스는 결코 싸움에 말려들지 않았다. 그 대신 결론만 얘기했을 뿐이다. "네가 옷을 다 갈아입으면 엄마가 차로 데려다줄게." 이 말은 곧 "만약 네가 옷을 갈아입지 않는다면 넌 걸어서 가야 한다"는 것을 의미한다. 이건 분명 아이로서도 원치 않는 일일 것이다.

이렇게 아이를 위해 늘 해주던 일을 중단해보자. 아이가 쓸데없이 심통을 부리거나 싸움을 걸려고 할 때 매우 효과적으로 이용할 수 있는 방법이다.

아이들이 싸움을 걸어오는 일에 대해선
아예 관심을 끊어보자

쓸데없는 입씨름이나 말다툼에 걸려들지 않는다면 가정 내의 싸움이 많이 줄어들 것이다.

아이들은 부모에게 시비를 걸어 싸우는 것에 아주 뛰어난 재능을 갖고 있다. 아이들은 어떻게 하면 부모들을 짜증나게 만드는지 잘 알고 있다. 물론 부모에 따라 차이가 많이 난다. 어떤 사람에겐 화가 날 일이 또 다른 사람에겐 별 의미가 없을 수 있다는 얘기다.

예를 들어 나의 경우, 아이들이 "오늘 저녁엔 뭘 먹을 거야?"라고 물어봐도 아무런 느낌이 없다. 하지만 많은 엄마들은 자신이 준비한 음식을 맛있게 먹어주길 바라기 때문에 이런 말을 들으면 코너에 몰리는 기분이 든다고 한다. 한 마음 약한 엄마는 이렇게 말했다.

"그런 소리를 들으면 밥하기도 싫고 아이들한테 괘씸한 생각이 들어요."

우리 아이들이 나보고 저녁에 뭘 먹을 거냐고 물어봤을 때 난 그냥 "나도 모르겠어"라고 대답한다. 확신할 수는 없지만, 내가 알기로 밥을 굶는다는 것은 아이에겐 매우 두려운 일이다. 따라서 나는 그 일에 관심없는 것처럼 해 보임으로써 쓸데없는 싸움을 끊어버리는 것이다.

때때로 이렇게 말하기도 한다. "멋진 요리를 만들 생각이야." 또는 "선택은 두 가지야. 먹든가, 아님 안 먹든가."

얼마 전에 어떤 엄마가 들려주었던 말도 꽤 괜찮은 답변이라고 생각한다.

"글쎄, 나도 잘 모르겠는걸. 근데 그건 말야, 갈색에다가 축축하게 젖은 덩어리거든. 그걸 뭐라고 부르면 좋겠니?"

목소리 톤을 조절하면
아이와의 싸움을 끊을 수 있다

어떻게 부모들이 아이와의 싸움을 끊어버릴 수 있냐고? 뭐니뭐니 해도 가장 중요한 것은 '목소리 톤'이다.

대부분의 경우 목소리 톤은 아이들과 쓸데없는 싸움을 벌이기 시작할 때 신호탄이 되곤 한다. 만약 부모가 차분한 어조로 말한다면 아이들은 금방 알아차린다. 결코 엄마나 아빠가 자신과의 싸움에 말려들지 않을 거란 사실을. 이와 달리 부모가 공격적으로 나오거나 불같이 화를 낸다면 아이들은 자기가 건 싸움에 부모가 걸려들었음을 알게 된다.

이렇게 아주 단순한 원리가 아이와의 싸움에 깔려 있다는 것을 부모들은 꼭 알아야 한다.

물론 아이들은 싸우고 싶어하겠지만 부모들은 거절해야 한다. 싸움에 말려들 필요가 없다. 싸움을 끊느냐, 싸움을 하느냐는 부모의 선택이다.

아이들과 싸울 때 목소리 조절이 어려운 부모들도 더러 있다. 태양을 달이라고 우기는 네 살배기 아이와, 마치 무슨 중요한 주제를 놓고 토론이라도 하듯이 맞서는 것이다. 아무 이유도 없이 우기는 아이에게 이런저런 논리적인 근거를 대면서 반박하기도 한다. 이런 감정 소모는 되도록 피하는 것이 좋다.

싸우는 건 의미 없는 일이므로 부모들은 부드럽게 맞장구쳐주는 게 좋다. 고집스런 아이라면 적당히 맞장구쳐주고 나서 목소리 톤을 낮추는 것이 효과적이다.

말하자면, 아이들과 싸우는 것은 술 취해 시비 거는 사람들과 싸우는 것과 같다고 보면 된다. 술 취한 사람이 시비를 걸면, 우리는 대개 그냥 웃어넘기고 만다.

그와 마찬가지다. 이유도 없이 단지 싸우고 싶어서 집적대는 사람들과 논리적으로 싸우는 것은 한마디로 어리석은 일이다. 아이들은 끊임없이 부모에게 싸움을 걸고 싶어하는 존재라는 사실을 잊지 말자.

비꼬는 말투를 쓰면
그만큼 대가를 치러야 한다

비꼬는 말투는 상대를 매우 기분 나쁘게 만든다. 때문에 부모들이 아이에게 비꼬는 투로 말했을 때는 그만큼 대가를 치러야 한다. 싸움은 멈추지 않고, 감정은 더욱 폭발하고, 이러한 행동은 습관처럼 굳어진다. 늘 비꼬는 말투로 아이를 대하던 한 부모는 아이가 다른 사람들한테 비꼬는 듯한 말투로 얘기하는 걸 보고 무척 놀랐다고 한다.

가족 간의 대화에도 나름대로 분위기가 있다. 기분 좋은 분위기에서 얘기를 나눌 때도 있고, 반대로 얘기가 비딱하게 흐르기도 한다. 비꼬는 말투는 대화 분위기를 나쁘게 몰아간다. 얘기하는 도중에 불쾌한 말투로 맞서면 아무렇지 않은 일에도 기분이 상하는 법이다.

예전에 쓴 책에서 나는 부모들이 직장에서나 가정에서 비꼬는 말투를 자주 쓴다고 얘기한 바 있다. 부모들은 직장 생활을 할 때 주변 사람과 다투기보다는 적당히 빈정대는 것으로 마무리짓는다. 그렇게 하는 걸 현명하다고 생각하기 때문이다. 그러다보니 이런 행동에 자기도 모르게 익숙해져 아이들에게도 똑같이 행동하는 것이다.

하지만 이때 아이들은 어떻게 대처해야 할지 몰라 일방적으로 당하고 만다. 부모들은 비꼬는 말투로 자주 농담을 하지만 이건 결코 상대를 유쾌하게 만드는 유머가 아니다.

부모교육 수업에서 실제로 있었던 일이다. 평소 비꼬기를 잘하던 아버지 한 분이 얘기했다.

"우리 집의 자랑거리라면 우선 잘 놀 줄 안다는 것, 그리고 유머 감각이 풍부하다는 거죠. 그게 가장 큰 자랑거리랍니다."

하지만 열다섯 살 난 그의 아들은 의견이 달랐다. 아버지가 말했던 자랑거리를 15가지 항목 가운데 15번째, 즉 맨 마지막으로 꼽았던 것이다. 아들의 말에 아버지는 깜짝 놀랐다.

"정말 그러니? 난 우리가 아주 재밌게 즐기고 있다고 생각했단다."

"네, 그렇긴 해요. 하지만 무지무지 괴로워요."

비꼬는 말투에 대해선 어떻게도 대답을 할 수 없기 때문에 더 이상 기분 좋게 대화를 이어나갈 수가 없다. 이 책에는 아이들에게 들려주면 좋은 말들이 많이 실려 있지만, 이런 좋은 말들도 부모

27

가 어떻게 얘기하느냐에 따라 완전히 달라질 수 있다. 오히려 비난하고 빈정거리는 말로 받아들여질 수 있다는 뜻이다. 따라서 부모들은 목소리 톤에 좀더 세심하게 신경을 써야 한다.

무슨 말을 할 것인가보다 목소리 톤을 어떻게 할 것인가가 훨씬 중요하다. "고마워" 또는 "미안해" 하는 아주 단순한 말조차도 말하는 사람이 어떤 식으로 하느냐에 따라 빈정거리는 투로 들릴 수 있다. 어떤 경우에든 부모가 부드러운 말투만 유지할 수 있다면 아이들과의 싸움을 솜씨 있게 해결해낼 수 있을 것이다.

감정 소모를 가장 줄일 수 있는
효과적인 말투를 사용해보자

똑같은 상황이라도 부모들은 아주 다양한 말투로 아이를 대할 수 있다. 사려 깊게 받아들일 수도 있고, 재미있게 대할 수도 있다. 사과를 하거나 명령을 내릴 수도 있으며, 아님 위로를 하듯 말할 수도 있다. 또는 화를 내거나 의혹 어린 시선을 던질 수도 있다.

여기서 하나의 예를 들어보자. 아이가 불평을 했을 때 얼마나 다양한 말투로 대처할 수 있는지.

명령하는 말투

"얼른 찾아봐! 으이구, 지각은 이미 맡아놨다."

다그치는 말투

"신발을 제자리에 두라고 내가 몇 번이나 말했니? 잘 정리해두
었으면 이런 일이 없었을 거 아니야. 니 신발을 찾느라고 지금
엄마는 아기한테 우유도 못 주고 있잖아. 넌 어쩜 너밖에 모르
니?"

화내는 말투

"또야? 아이구, 속상해. 신발이 어디 있는지 도저히 보이질 않잖
아. 오늘은 지각할 수밖에 없겠다."

빈정대는 말투

"제자리에 뒀는데도 안 보인다니, 난 도무지 모르겠구나."

편한 말투

"진짜? 신발에 발이라도 달렸나? 분명히 어딘가에 있을 거야. 늘

그렇잖아."

유쾌한 말투

"우째 이런 일이! 아무래도 강아지한테 신발 찾는 훈련을 시켜야 겠다, 그렇지?"

위로하는 말투

"정말 안됐구나! 신발을 찾아내기만 하면 아무래도 그 신발을 때 려줘야겠다."

명령하는 말투와 다그치는 말투, 그리고 화내는 말투와 빈정대는 말투는 이미 부모들 스스로 굉장히 화가 나 있는 상태라는 걸 나타낸다. 따라서 세심하게 배려해주는 마음의 여유를 가질 수 없다.

이와 달리 나머지 세 가지(편한 말투, 유쾌한 말투, 위로하는 말투)는 부모가 화나 있지 않으며, 아이의 신발을 찾아주는 게 자신의 일임을 깨달았다는 걸 암시한다.

과연 어떤 반응이 더 효과적일까? 그리고 감정 소모를 가장 최소화할 수 있는 반응은 어떤 것일까?

표정 하나만으로도
아이를 설득할 수 있다

목소리 톤을 조절하는 게 싸움을 줄이는 첫 번째 방법이라면, 두 번째 방법은 얼굴 표정과 행동을 조절하는 것이다.

시비를 걸려는 아이들은 부모의 표정을 자세히 살핀다. 때로 아이들은 시비를 걸기 전에 부모의 행동을 먼저 관찰하기도 한다. 우리 아들은 이미 알고 있거나, 알아도 되고 몰라도 되는 질문을 하기 전에는 꼭 내게 다가와서 얼굴을 뚫어져라 쳐다보는 버릇이 있다.

이렇게 쓸데없이 시비를 걸어올 때는 아이를 귀엽다는 듯이 바라보면서 웃어넘기면 기선을 제압할 수 있다. 표정과 행동이 느긋하면 절대 싸움에 말려들지 않는다.

바보스럽게 들릴지도 모르겠지만, 아이들과 자주 싸우는 부모라면 거울을 보면서 표정 연습을 하라고 권하고 싶다.

흔히들 우리가 짓고 있는 표정이 마음속 기분을 얼마나 잘 나타내고 있는지 잘 깨닫지 못하는 것 같다. 꽉 다문 입, 잔뜩 찌푸리고 있는 미간, 잔뜩 화가 난 눈, 경직된 어깨 등은 우리의 기분을 그대로 전달해준다.

부드럽게 미소짓는 연습을 한다면 아이와 쓸데없이 싸우는 시간을 많이 줄일 수 있다.

아이에게 정신없이 질문을 퍼붓거나 글로 쓰게 한다

정신없이 질문을 퍼부어 아이를 혼란스럽게 하는 것도 매우 효과적인 방법이다.

"넌 왜 그런 말을 하는 거니?"

"왜 아이들은 보이스카웃은 하고 싶어하면서도 숙제는 하기 싫어할까? 도대체 왜 그런 것 같니?"

"나도 어릴 때는 그렇게 생각했단다. 그때를 생각해보면 말이야…" 등등.

아이들은 시비를 걸 때마다 매번 엄마의 지루한 경험담을 억지로 듣게 되니, 엄마와의 싸움에서 번번이 질 수밖에 없다.

또 하나, 아주 멋진 방법이 있는데 이 방법은 다섯 살배기 아이를 키우는 한 엄마한테 배운 것이다.

"저는 아이에게 대답을 해줄 때 단순하게 끝내질 않아요. 그걸 아주 복잡한 논쟁으로 만들어버리죠. 그렇게 하면 우리 딸 켈시는 마음속으로 항복을 하고는 그 복잡한 논쟁을 끝내기 위해 내 말을 순순히 따르곤 해요. 예를 들면 이런 식이죠.

켈시는 무슨 음식이든 그걸 먹어보거나 맛보는 걸 좋아하는데, 원래부터 그랬던 건 결코 아니에요. 언젠가 제가 초밥을 만들어주니까 먹기도 전에 코부터 찡그리더라구요. 그래서 제가 말했죠.

'켈시, 이거 한번 먹어봐. 이 음식은 일본 사람들이 즐겨 먹는 거란다. 근데 일본에 가면 도쿄동물원이란 데가 있는데, 그곳엔 세상 어느 곳에서도 보기 힘든 진기한 동물이 굉장히 많다더라. 정말 재미있을 것 같지 않니? 하지만 네가 이 초밥을 먹지 않는다면 아마 우린 그곳에 갈 수 없을 거야. 일본에 가면 초밥을 먹어야 하는데 넌 일본에 가서도 초밥을 먹지 않을 게 분명하니까. 그러면 금방 배가 고플 거고 결국엔 도쿄동물원에도 갈 수 없겠지.'

그렇게 계속 얘기를 하니까 아이가 조금씩 먹기 시작하는 거예요. 그러면서 이렇게 말하더라구요. '엄마, 이 초밥을 먹으면 어떤 동물을 볼 수 있어?'"

만약 아이가 첫 번째 설명을 다 듣고 나서도 계속해서 그 다음 설명(세 번째, 네 번째도 기다리고 있다)을 끈질기게 요구해온다면, 부모들은 이렇게 말하는 것이 좋다.

"그럼 지금 곧바로 네 방으로 가서 궁금한 걸 전부 종이에다 써 와라. 그걸 보면서 한번 곰곰이 생각해볼게. 대신, 내가 잘 알아볼 수 있도록 맞춤법이나 단어를 틀리지 않게 정확히 써야 한다. 그러면 네 질문에 나도 글로 써서 답을 주마. 그렇게 하면 이런 말을 했느니, 안 했느니 하면서 목청 높여 싸울 필요가 없겠지."

아이들은 일단 글로 쓰게 하면 굉장히 싫어한다. 따라서 불필요한 논쟁을 줄이면서 좀더 즐겁게 싸울 수 있다. 또 아이들로 하여금 이성을 되찾게 해준다.

아마 대부분의 아이들은 질문거리를 글로 써오게 하면 이렇게 대꾸할 것이다.

"됐어, 그만둬."

아이들이 말없이 반항하면
부모는 자제력을 잃기 쉽다

훌륭한 부모가 되려면 무시하는 법을 배워야 한다. 간혹 침묵 시위를 벌이거나 밖으로 뛰쳐나가는 아이들을 볼 수 있다. 이럴 때는 무시해버리는 것이 좋다.

아이들이 경멸하듯 바라보거나 눈을 치켜뜨거나 입술을 삐죽이거나 하는 사소한 행동을 대다수 부모들은 크게 문제삼는다. 이렇게 버릇없이 굴거나 불손한 태도를 보고 있으면 부모들은 아이들이 자신을 무시한다고 생각해서 자제력을 잃고 만다.

아이들이 말없이 반항하는 행동을 보일 때 부모가 무시해버리면 아이들은 이내 힘이 빠질 것이다. 교사들은 누구보다도 이 사실을 잘 알고 있다.

내가 교단에 섰던 때를 되돌아보면, 고등학교 2학년 아이들에게 시를 들려주었을 때 거의 대부분이 하품을 하거나 한숨을 쉬기도 하고 지겹다는 듯한 표정을 지었다. 처음에 나는 아이들에게 시를 읽는다는 게 얼마나 가치 있고 즐거운 일인지를 설명했다. 그러면 아이들은 더 심하게 하품을 하거나 지루해하면서 도저히 믿지 못하겠다는 표정으로 나를 바라보았고, 이런 태도가 나를 화나게 만들었다. 그러면서 깨달았다. 아이들이 나한테 시비를 걸고 있다는 걸.

수년이 지난 후 나는 이렇게 말하게 되었다.

"하품을 해도 좋고 한숨을 쉬어도 좋아. 왜냐? 너희는 아직 시를 잘 모르니까."

그러면 아이들은 반항하는 대신 맥빠져하면서 웃기 시작했다. 더 솔직히 말하자면, 반항하면서 웃는 것이다.

반항은 아이들의 자기 주장이다.
이럴 땐 적당히 무시해버리자

아이들이 자신의 권위를 무시한다고 느끼게 되면, 감정 싸움이 시작되고 아이들과 쓸데없는 싸움을 하게 된다. 아이들이 시비 거는 것을 부모가 자신을 존경하지 않는 거라고 생각하게 되면 갈등은 피할 수 없다. 감정은 파국으로 치닫고 결국엔 좋지 않은 결론에 이를 뿐이다.

우린 기본적으로 이런 질문을 해볼 수 있다.

'아이들도 화낼 권리가 있지 않은가? 만약 그렇다면 그걸 어느 선까지 허용할 수 있을까?'

만약 화를 내거나 반항하지 못하게 하면 아이들은 말없는 반항을 시도할 것이다. 이것조차 허용되지 않으면("내 앞에서 눈 치켜뜨지 마!" "능글맞게 웃지 말라니까!" 하면서 소리치면) 아이들은 입을 꽉 다물고 만다. 그렇게 되면 아무런 대책이 없기 때문에 부모는 무력해진다.

열세 살 정도의 아이에게 부모가 조용히 하라고 하면, 아이들은 조용히 한다. 이것은 부모를 화나게 만든 데 대한 벌이고, 이때 아이가 제 방에 조용히 있으면 가정은 평화로워 보일 것이다. 하지만 아이는 점점 말수를 잃어가고 엄마 아빠와 대화하기 싫어하게 될 것이며, 급기야 부모는 문제의 심각성을 뒤늦게 알게 될 것이다.

상담소를 찾은 부모들에게 카운슬러가 몇 가지 질문을 해보면, 부모는 자녀들이 입을 꾹 다물게 된 데는 아무 이유가 없다고 주장한다. 부모를 무시하거나 말대꾸한 적도 없고 그렇다고 특별한 일도 없었는데, 어느 날 갑자기 아이가 입을 다물기 시작했다는 것이다. 가슴 아픈 일이긴 하지만, 이럴 때 부모들은 아이가 부모를 존중해주거나 감정을 억제하기 위해 화를 참았다는 걸 인정해야만 한다.

아이들의 반항에는 적당히 무시하는 것이 가장 효과적이다. 부모가 이 점을 알게 되면 힘과 권위를 얻게 된다.

무시한다는 것은 아이들에겐 '네가 아무리 눈을 치켜뜨고 비웃고 쌀쌀맞은 표정을 지어도 이 아빠한테 아무런 영향을 못 줘'라고 말하는 것이다. "기분이 좀 좋아지면 그때 보자"라고 품위 있게 말하면서 연신 비웃어대는 아이한테서 떠날 수가 있다. 이때는 반드시 차분한 어조로 말한다.

부모가 자신들의 힘이나 권위로 위협하려 들지만 않는다면 아이들의 반항으로 인해 벌어지는 싸움들 대부분을 피할 수 있다. 따라서 부모들은 아이들의 행동을 적당히 무시할 줄 알아야 한다.

부모를 무시하는 게 분명하다면
아이가 누리는 특권을 빼앗아버린다

몇 년 전에 아일랜드에서 부모교육 세미나를 열었던 적이 있다. 그때 한 어머니가 열세 살짜리 딸 때문에 너무나 화가 났던 일을 이야기했다.

"저희 딸은 말예요, 평소엔 잘 지내다가도 자기가 듣고 싶지 않은 말만 하려고 하면 귀를 꽉 틀어막고는 이리저리 뛰어다니면서 막 춤을 춰요. 그럴 땐 정말 미치겠어요. 어떻게 하면 좋을까요?"

이런 질문을 받을 때면 나는 맨 먼저 이렇게 물어보곤 한다.

"그럴 때면 보통 어떻게 하시나요?"

그러자 그 어머니가 말했다.

"귀에서 손을 떼라고 하면서 실랑이를 벌이죠. 하지만 아무 소용

없었어요. 그럴수록 아이는 더 크게 노래를 하거든요."

그래서 이번엔 다른 부모들한테 질문을 던졌다.

"어떻게 하면 이런 행동을 막을 수 있을까요?"

다른 부모들이 한마디씩 했다.

"엄마도 딸과 똑같이 행동하는 거예요. 딸과 함께 춤추고 노래하고 말이죠."

그럴듯하게 들리긴 하지만, 이 방법은 오히려 더 갈등을 부추길 수 있다. 더구나 많은 부모들은 어쩔 수 없이 아이의 공격적인 행동을 흉내낸다.

"계속 입으로는 뭔가 말하지만 목소리를 내지 않는 거죠"

이 방법은 딸을 당황하게 만들거나 웃길 것이고, 따라서 좋은 해결책이 될 수 있다.

"하고 싶은 말을 글로 써주고 나가버리는 거예요."

이것도 좋은 방법이다.

"아이가 조용해지길 기다렸다가 물어보는 거예요. 네가 원하는 게 뭐지? 무얼 원하길래 그렇게 행동하는 거니?"

좋은 생각이다. 문제를 일으킨 딸에게 도로 짐을 떠넘겨버리는 것이다.

"웃으면서 밖으로 나가버려요."

이건 내가 주로 쓰는 방법이다. 이때 미소는 아주 부드러워야 한다. 여기에 한마디 더 덧붙인다면 "네가 좀더 크면 다시 돌아올

게" 하고 말하는 것이다.

잠시 후 한 아버지가 이렇게 말했다.

"저는 제 딸이 용돈을 달라고 할 때까지 기다렸다가 이번엔 제가 귀를 틀어막고 노래하며 춤을 추었죠."

그 말에 우리는 모두 한바탕 크게 웃었다.

이 얘기를 듣고 있던 그 어머니는 매우 기뻐했다.

"저는 한 번도 그런 생각을 못 해봤어요."

그녀는 다른 사람들의 아이디어에 무척 만족스러워했다. 아마도 집으로 돌아가면 분명 이 검증된 기술들을 써먹어볼 것이다.

그런데 한 어머니가 이의를 제기했다.

"어떻게 엄마로서 그렇게 대응할 수가 있죠?"

그러면서 문제의 핵심은 바로 아이의 반항이라고 지적했다.

"그런 행동은 나를 무시하는 것이기 때문에 절대 용납할 수가 없어요. 잘못된 행동을 했으면 당연히 따끔하게 벌을 줘야 한다고 생각해요."

그녀가 강력하게 주장하자 그때부터 아이의 행동을 어떻게 받아들일 것이고, 또 어떤 벌을 내려야 하는지에 대해 토론하기 시작했다.

부모 생각에 아이의 행동이 잘못된 것이라고 한다면 결론 또한 분명해진다. 만약 아이가 부모를 무시한 것이라면 아이가 누리는 특권도 없애버리면 된다. 부모에겐 그럴 권리가 있다. 부모에 따라 각각 허락하는 범위와 한계를 정하게 마련인데, 이는 집집마다 서로 다르다. 똑같은 일에 대해서도 어떤 부모는 금지하는가 하면, 또 어떤 부모는 허용한다.

하지만 이것만은 확실하다. 만약 딸이 춤추는 것을 벌받을 일이라고 정해버리면 아이는 인상을 쓰고 앉아 있거나, 아님 입을 꽉 다물어버릴 것이다. 그리고 이것에 대해선 아무런 벌도 줄 수 없다는 게 우리 부모들이 빠지게 되는 딜레마이다. 사실 손가락으로 귀를 틀어막고 춤추는 아이보다 인상 쓰고 앉았거나 입을 꽉 다물어버린 아이를 다루기란 훨씬 더 어려운 일이다.

김빼기 작전을 써서
아무 일도 아닌 것처럼 대하자

벌을 주기보다는 김을 빼버리고, 무시하고, 마치 아무 일도 아닌 것처럼 만드는 게 낫다. 무시당하게 되면 김이 새서 다시는 되풀이하지 않는다.

나는 아이가 눈을 치켜뜨고 쳐다볼 때면 나를 깔보는 것에 맞대응하지 않으려고 애를 썼다. 그럴 때 나는 아이의 얼굴을 빤히 쳐다보며 부드럽게 물었다.

"눈에 뭐가 들어갔니?"

또는 호들갑스럽게 말하기도 한다.

"오늘따라 왠지 더 멋지게 보이는구나."

아니면 이상하다는 듯 말한다.

"어디서 배운 거니? 엄마 눈도 그렇게 될까 정말 겁나는구나."

혹은 이렇게 말하며 웃어넘겨버린다.

"언제 한번 더 지금 했던 걸 그대로 보여주렴."

부모가 이런 식으로 나가면 아이는 부모랑 싸우지 않고서도 감정을 표현할 수 있어 좋다. 기본적으로 부모는 아이에게 "내가 시킨 일을 하기 싫어한다는 걸 알아. 하지만 그건 문제가 안 돼. 굳이 좋아할 필요는 없어. 단지 그 일을 하면 되는 거지"라고 말하는 것이다.

아이와 싸우기 싫다면
뭔가 새로운 방법을 찾아내야 한다

부모들이 날마다 똑같은 질문과 불평, 시시비비로 아이들과 씨름한다면 분명 변화가 필요하다. 그렇다면 과연 어떻게 변해야 할 것인가?

언제나 부모들은 말한다. "너한테 수천 번도 더 얘기했잖아"라고. 하지만 이렇게 하는 건 아무 효과도 없다.

부모 역시 아이들과 똑같이 흥분하고 싸우기 쉽다. 아이들이 싸움을 걸면 부모는 늘 그렇듯이 흥분할 것이다. 그러면 또 아이들은 이에 대꾸하며 대들 것이다.

41

그런데 만약 부모들이 화내지 않으면 어떻게 될까? 아이들 또한 자연스럽게 그것에 적응하게 된다. 한번 예를 들어보자.

아이 : 곧 할게요.
부모 : 지금 당장 해.
아이 : 지금은 안 돼요. 그렇지만 하긴 할게요.
부모 : 도대체 왜 그러는 거니? 왜 너는 항상 일을 뒤로 미루지?
아이 : 지금 꼭 해야만 하는 거예요?
부모 : 그래, 지금 해야 돼.
아이 : 글쎄, 지금은 다른 걸 해야 된다니까요.
부모 : (폭발한다) 네가 자꾸 일을 뒤로 미루는데, 난 정말이지 그게 너무 지겹다. 도대체 몇 번이나 더 말해야 하는 거니? 진짜 넌 우리 집에서 쓸모없는 존재야. 결국엔 엄마가 해주길 바라는 거지? 하지만….

이렇게 하면 어제랑 똑같은 싸움이 또다시 일어나고 내일 또 똑같은 싸움이 일어날 것이다.

이번엔 부모가 간절하게 변화를 바란다고 가정해보자. 늘상 하던 대로 반응하는 것은 아무 효과가 없으며 매일 똑같은 싸움을 반복하는 게 너무 지겹다고 깨닫게 된 것이다. 그래서 새로운 마음으로 예전의 태도를 백팔십 도 바꿔보았다.

아이 : 1분 있다 할게요.

부모 : 좋아, 그럼 시계로 1분을 재고 있을게. 그때까지 다 끝내
길 바래.

아이 : (아무 말도 안 한다)

부모 : 1분이 지나면 네 방을 청소해야 한다. 규칙은 잘 알고 있
겠지? 만약 규칙을 어기면 곧바로 텔레비전을 끄도록 해
라. 그리고 내일까지 텔레비전을 보거나 나가 놀아선 안
돼.

아이 : (울상을 지으며) 정말 말도 안 돼.

그리고 나서 부모는 웃으면서 밖으로 나가버린다. 절대 싸우지
마라.

2

규칙과 벌칙에 관한
몇 가지 방법

싸우기 싫다면 규칙을 정하자.
그리고 반드시 적용시킨다

칼슨 씨네 아이들은 집에서 10분 이상 전화 통화를 못하게 되어 있다. 이것은 칼슨 씨가 아이들과 함께 정한 규칙이다. 그런데 지금 멜라니는 10분을 넘어 15분 동안 통화를 하고 있다. 잠시 후 아빠가 한마디 건넨다.

"시간 다 됐다, 멜라니."

하지만 멜라니는 아빠의 말을 무시하고 10분을 더 떠들었다.

"안됐지만 오늘은 더 이상 전화 통화를 할 수 없다."

그는 부드럽게 말했다. 그러자 멜라니가 울먹이는 목소리로 말했다.

"아~빠~ 아빠는 저보다 더 길게 통화하잖아요."

칼슨 씨는 '이 입씨름 작전에 말려들어선 절대 안 돼' 하고 마음을 다잡으며 이렇게 말끝을 맺었다.

"이걸 어기면 어떤 벌칙이 따라오는지, 너도 잘 알고 있겠지?"

많은 부모들이 벌칙을 정해놓는다. 하지만 이 벌칙을 실제로 적용하지 않는다면, 아이들은 벌칙이란 게 때에 따라 적용되기도 하고, 또 적용되지 않기도 하는 것이라고 생각해버린다. 그런데 부모들은 벌칙을 내리는 대신 아이들과 입씨름을 벌이고 위협하려 들거나 싸우고 만다.

만약 아이에게 벌칙을 내리기 곤란해하는 부모라면 규칙과 한계와 그로 인한 결과를 정해주는 데 필요한 몇 가지 기본 방법을 알아두는 것이 좋다.

아이들은 규칙을 원한다.
그것이 자신에 대한 관심이라고 생각한다

싸우기 전에 먼저 규칙과 벌칙이 분명히 제시되어야 한다. 부모들로선 믿기 어려운 일이겠지만, 사실 아이들은 한계와 범위 그리고 벌칙에 대해 알고 싶어한다.

아이들은 일정한 기준 없이 계속해서 주어지는 과도한 억압을 싫어한다. 그들은 규칙을 원한다. 벌칙이 적용되기 전에 스스로 그것을 얼마나 잘 지킬 수 있는지 테스트하고 싶어한다. 그리고 한계를 넘어섰을 때 어떤 벌칙이 주어지는지 알고 싶어한다.

그렇지 않으면 아이들은 혼란스러워한다. 또 부모들이 자신에게 관심을 보이지 않는다고 생각한다. 언젠가 우리 아이가 매사에 제멋대로 행동하고 버릇없이 구는 자기 친구를 보면서 이렇게 말한 적이 있다.

"쟤네 부모는 쟤한테 관심이 없어."

규칙 하나에 벌칙 하나,
구체적인 벌칙을 제시한다

어떤 가정에든 나름대로 규칙이 있게 마련인데, 보통 다음과 같은 규칙일 것이다.

더러워진 옷은 세탁 바구니에 갖다놓는다.

숙제를 마칠 때까지는 텔레비전을 볼 수 없다.

장난감, 신발, 책을 정리하는 것은 아이들 몫이다.

놀기 전에 맡은 일부터 한다.

전화는 10분 간만 사용한다.

폭력을 쓰거나 나쁜 말을 해서는 안 된다 등등.

그런데 규칙마다 그에 해당하는 각각의 벌칙이 주어져야 한다.

이걸 세탁실에 갖다놓지 않으면 텔레비전을 볼 수 없어.

방청소를 하지 않으면 마음대로 놀 수 없어.

이걸 치우지 않으면 전화 통화를 할 수 없어.

니가 이렇게 사납게 구는 건 텔레비전을 너무 봐서 그런 거니까, 앞으로 사흘 동안은 텔레비전을 볼 수 없어.

벌칙을 정해두지 않으면 실랑이를 벌일 수밖에 없고, 그렇게 되면 곧 "만약 네가 ~하지 않으면 난 ~할 거야" 하면서 싸우고야 만다. 대부분의 부모들은 화가 머리끝까지 났을 때에야 비로소 이런 말을 하게 되는데, 이때에 주어지는 벌칙은 보통 상식선을 벗어나게 된다. 또한 그다지 효과적이지도 않다. 잠시 후 부모의 기분이 누그러지면 아이들은 벌칙이 적용되지 않을 거라는 사실을 아는 것이다.

아이들이 부모의 벌칙에 순순히 따라주지 않을 때에는, 오히려 벌을 주지 않는 게 낫다.

'~해라'를 '~할 시간이다'로 바꾸면
싸움이 줄어든다

부모가 어떤 식으로 말하느냐에 따라 아이들의 반응도 달라진다. 그런데 대다수 부모들은 아이들에게 명령하는 경향이 있다.

"숙제해라."

"장난감 깨끗이 치워라" 등등.

이렇게 명령조로 말하면 아이와 싸우게 될 확률이 높다. 부모의 명령에 아이들은 언제나 시비를 걸듯 투덜거리며 반항할 것이다.

"잠깐만 기다리세요."

"좀 있다 나중에 할게요."

"난 왜 맨날 이걸 해야 되지?"

그렇다면 '~해라'를 '~할 시간이다'로 말을 바꿔보자. 이렇게 하면 명령조의 말이 부탁하는 것으로 바뀐다.

"옷 갈아입을 시간이다."

"그걸 그만둘 시간이야."

"이제 전화 끊을 시간이다."

이런 말들은 명령하는 어투가 아니라서 싸울 우려가 적다.

아이들에게 뭔가를 부탁할 때 '만약 ~하면'이라고 하기보다 '~할 시간이다'라고 하면 싸움이 줄어든다. '~할 시간이다'라고 하면 "네가 방청소를 끝내고 나면 놀아도 된다"라는 말을 하지 않고서도 벌칙을 전달할 수 있다. "만약 네가 방청소를 하면 공원에 놀러 가도 돼"라고 했을 때 '만약 ~하면'이란 아이에게 한 가지 선택권만 주는 것이다.

이렇게 한 가지 선택권만 주어지면 아이는 자신이 선택할 여지가 없다고 생각하게 된다. 그리고는 방청소를 하지 않고 공원에 놀러 나가는 것 자체를 포기해버릴 수 있다. 이때 부모가 화를 낸다면 아이는 마음속으로 무척 고소해할 것이다.

'만약 ~하면'이라는 말에는 아이들이 반항하기 쉽다

흔히 부모들은 '만약 ~하면'이라는 말을 자주 쓰는데, 이것은 부정적인 말투다. "만약 네가 이걸 하지 않는다면, 저걸 할 수 없어"라고 말한다면 아이들은 쓸데없는 시비를 걸면서 반항할 것이다.

대신 "숙제를 끝마치면 텔레비전을 볼 수 있다." "설거지를 다하면 전화를 해도 돼." "피아노 연습을 하고 나면 스케이트를 타러 가도 돼." 하고 아이가 하고 싶어하는 것을 제시하면 된다.

물론 아이들은 투덜거릴 것이다. 이럴 때는 여유 있게 웃으면서 "이거 정말 하기 싫지? 하지만 이걸 다하면 네가 하고 싶은 것을 얼마든지 할 수 있어"라고 설명해주면 된다. 결코 싸우지 마라.

우리의 일상을 생각해보자. 어른들은 나름대로 정한 시간이 있다. 여덟 시간 일하고 나면 퇴근한다, 마흔 시간 일하고 나면 월급을 받을 수 있다, 요리를 하면 맛있게 먹을 수 있다 등등.

아이들이라고 해서 이런 흐름에서 벗어날 수 있겠는가. 이 점을 기억하자.

아이들 일은 전적으로 아이들 일, 절대 부모가 떠맡지 않는다

그런데 어떤 부모들은 책임감이 너무 지나쳐서 아이들이 해야 할 일까지 모조리 떠맡는다. 예를 들어 "얼른 보이스카웃 숙제를 해야지. 한 시간만 있으면 보이스카웃 모임에 가야 되잖니"라고 말하는 것은 부모가 아이의 책임을 떠맡으려는 것이다. 이 말은 보이스카웃 숙제가 아이의 몫이 아니라 마치 부모가 책임져야 할 일인 양 말하는 것이다. 이때는 이렇게 말하는 것이 좋다.

"숙제를 다 끝내면 엄마가 보이스카웃 모임 장소에 차로 데려다줄게."

만약 숙제를 다 못한다면? 그럴 경우엔 숙제를 못하면 모임에 갈 수 없다는 원칙을 내세우거나, 아이를 데려다주기는 하지만 보이스카웃 대장이 화내는 걸 감수해야 할 것이고, 아이가 무책임 했던 것을 보이스카웃 대장에게 사과함으로써 아이를 곤경에서 구해줄 수 있다.

우리는 종종 아이들이 해야 할 숙제를 마치 부모의 몫인 것처럼 생각하곤 한다. 하지만 곤경에 처한 아이를 도와주는 것은 결코 바람직한 일이 아니다.

아이가 해야 할 일을 대신 해주느라 부모들은 정신적으로나 육체적으로 상당한 에너지를 소모한다. 시간에 맞춰 피아노 레슨에 보내는 일, 잃어버린 물건을 찾아주는 일, 아침마다 깨우는 일, 숙제를 도와주는 일, 도서관에 빌린 책을 돌려주는 일, 점심값을 챙겨주는 일 등등.

어른들은 점심값을 깜빡 잊고 챙겨가지 못하면 그 일에 대한 책임을 스스로 지게 된다. 하지만 아이가 점심값을 챙겨가지 못하면 점심을 싸서 학교에 갖다줌으로써 부모로서의 책임을 다했다고 생각한다.

하지만 그렇지가 않다. 선생님께 야단을 맞거나, 친구한테 돈을 꾸거나, 점심을 얻어먹거나, 집으로 와서 점심을 먹거나, 그도 저도 아니라면 괴롭긴 하겠지만 점심을 굶어야 한다는 결과를 아이들 스스로 인식하도록 하는 게 좋다. 한번 굶어보면 그 다음 날은 절대 점심값을 잊어버리지 않을 것이다.

왜 부모는 아이들 일을
대신 떠맡으려 할까?

우리가 아이들을 도와주려고 애쓰는 이면에는 자존심과 죄의식이 깔려 있다. 한마디로, 우리는 무심한 부모가 되고 싶지 않은 것이다. 예를 들어 아이가 체육복을 제대로 챙겨가지 않아 학교에서 혼자만 체육복을 입지 않는다면 부모는 죄의식을 느낀다.

하지만 늘 부모가 먼저 체육복을 챙겨주고, 또 잊어버리고 갔을 때 학교까지 갖다주곤 하면 아이는 스스로 체육복을 챙겨야 한다는 사실을 깨닫지 못한다. 다시 말해 아이가 자신의 부주의를 되돌아볼 기회를 빼앗아버리는 것이다.

부모교육 수업을 하다보면 자주 얘기되는 주제가 하나 있다. 아침마다 벌어지는 난리법석이다.

"저는 아이를 깨우고 또 깨우죠. 서두르라고 닥달을 하면서 옷을 입히고 머리를 빗기고 아침을 먹이고, 또 준비물을 찾아주느라 정신이 하나도 없어요. 그렇게 해서 아이를 학교에 보내고 나면 그야말로 녹초가 된답니다."

이 엄마는 아침 9시쯤이 되면 기운이 다 빠져버린다고 한다. 그러자 어떤 분이 단호하게 말했다.

"그렇게 하지 마세요. 두 번 정도 깨운 다음엔 등교 준비가 모두 아이 몫이라는 걸 깨닫게 해주세요."

"그러다 지각하면 어떡하게요?"

그 엄마는 괴로워하면서 말했다. 이에 대한 답변은 이런 것이었다.

"지각하도록 놔두세요. 선생님한테 왜 늦었는지 변명하는 편지도 써주지 마세요. 아이가 스스로 등교 준비를 하도록 가르치는 중이라고 선생님께 말씀드리고 아이를 야단치라고 부탁하세요. 그렇게 하면 아침마다 벌어지는 난리법석을 끝낼 수 있죠. 우리 집 아이들도 모두 그랬어요."

창조적인 벌칙이 필요하다.
그래야 쓸데없는 싸움이 줄어든다

벌칙이 분명히 적용되면 싸움도 줄어든다. 아이들이 자신의 행동과 실수에 책임져야 한다는 사실을 알게 되면 부모와 아이 사이에서 벌어지는 소모적인 싸움을 줄일 수 있다.

물론 합리적인 벌칙을 정한다는 게 말처럼 쉽지만은 않다. 이럴땐 가능하면 벌칙과 행동을 서로 연관시키는 것이 좋다.

만일 아이가 잠자리에 들기 싫어하면 이런 벌칙을 내린다. "넌 침대까지 걸어가는 데 시간이 너무 많이 걸리니까, 내일부턴 좀 더 일찍 네 방으로 가도록 해라."
만일 아이가 식탁을 치우지 않으면 "그릇을 들고 다른 데 가서 혼자 먹도록 해라. 너 때문에 다른 사람들까지 피해를 볼 수는 없거든" 하고 말한다.
아이가 아무데나 자전거를 세워두면 며칠 동안 자전거를 타지 못하게 자물쇠를 채워두도록 한다. 그리고 이렇게 말한다. "너한테 자전거를 잘 보관할 수 있는 시간을 주기 위해서야."

설거지를 하기 싫어하면, 다음번 식사를 주지 말아야 한다.
또 아이가 신발을 잘 챙겨놓지 않아 늘 신발을 찾느라 허둥거린다면 부모는 "자, 여기 슬리퍼하고 부츠. 이 중에서 어떤 걸 신고 학교에 가겠니?"라고 말하기만 하면 된다.
만약 청소년 자녀가 귀가 시간을 지키지 않고 늦게 들어오면 "엄마는 네가 늦게 들어오면 걱정이 돼서 제대로 잠을 못 잔단다. 그러니까 그 다음날엔 네가 일찍 일어나서 엄마를 깨워주었으면 좋겠어" 하고 부탁한다.

만약 아이가 늑장을 부리다 스쿨버스를 놓치면, 그 벌칙으로 잡다한 집안일을 시키도록 한다. 물론 놀 수도 없고 텔레비전도 볼 수 없다.

그리고 방청소를 하지 않으면 며칠 동안 방을 쓸 수 없게 한다. 장난감을 정신없이 어질러놓는다면 하루나 이틀 정도 장난감을 자동차 트렁크 속에 감춰둔다.

벌칙이란 아이를 처벌하는 것이 아니라
삶을 배워나가는 과정이다

그 외에도 아이에게 줄 수 있는 벌칙은 수없이 많다. 부모교육 수업을 하면서 나는 아이들의 공격적인 행동 유형을 제시한 후 부모들이 그에 관해 어떤 식으로 합리적인 벌칙을 내렸는지 물어보았다. 그런데 참 재미난 사실은, 부모교육 수업 중에는 아주 창조적으로 보이는데도 대다수 부모들이 집에서는 여전히 고리타분한 벌칙을 내린다는 것이다. 예를 들어 텔레비전을 보지 못하게 한다든가, 아님 밖에 나가 놀지 못하게 한다. 조금만 다양한 벌칙을 생각해낸다면 훨씬 효과적으로 아이를 다룰 수 있다.

어떤 부모들은 이렇게 말한다.
"네 행동에 적절한 벌을 내리려면 아무래도 시간이 좀 필요하겠다."

그렇게 말하고는 아이를 한참 동안 기다리게 하는 것이다. 잠자코 기다리게 하는 게 무슨 벌칙이 될까 의아스러울 수 있다. 하지만 기다림 그 자체는 아이들에게 아주 교육적인 벌이 된다. 이런 식의 불편한 상황을 경험하고 나면 아이가 나중에 컸을 때 교장이나 경찰서장, 학장이나 고용주들의 사무실에서 곤란한 일로 마주칠 일이 적어질 것이다.

나는 세 가지 정도의 합리적인 벌칙을 제시한 다음, 그 중에서 하나를 선택하도록 하는 게 좋다고 생각한다. 왜냐하면 벌칙이란 아이들을 처벌하는 게 아니라, 삶을 배워나가는 하나의 과정이기 때문이다.

늘상 해주던 것을 그만두거나
아이와 거래를 한다

행동이나 실수를 적절한 벌칙과 연결하기란 생각처럼 쉽지 않다. 그럴 땐 아이들의 특권을 없애버리거나 늘 해주던 것을 그만두면 된다.

아이들의 특권이란 밖에서 뛰어놀기, 친구들과 만나기, 신나게 전화하기, 음악 듣기, 전자오락하기, 부모와 함께 놀기 등등 아이가 좋아하는 일을 말한다.

늘상 해주던 것을 안 해주기란 죄책감이 생겨서 실천하기 어렵다. 하지만 아이들이 부모의 의견을 존중하지 않는다면 아이들 또한 존중받을 수 없다는 걸 깨닫게 해줘야 한다.

"네가 엄마 말을 안 들어줬기 때문에 너도 엄마의 기분이 어떤지 알았으면 해"라고 차분히 말한다. "앞으로 축구 경기장에 갈 때는 너 혼자 가도록 해라. 엄마는 더 이상 널 데려다줄 수 없어. 그러니까 얻어 타고 갈 차편을 알아보든가, 아님 걸어서 가도록 해. 그것도 아니면 아예 가질 말든가, 어쨌든 네 마음대로 해라." 또는 "내일은 너한테 밥을 안 차려줄 거니까 우리가 먹고 난 후에 네가 알아서 차려 먹도록 해." 혹은 "오늘밤엔 이야기책을 읽어주지 않을 거야." 등등.

몇몇 부모교육학자들은 아이들과 거래를 해보라고 한다.

"네 숙제를 학교에 갖다주긴 하겠지만, 그러면 정원을 손질할 수가 없거든. 그러니까 집에 오면 네가 대신 해줘야겠어. 우리 그렇게 할래?"

가족이란 서로 각자의 몫을 해내면서 함께 생활하는 공동체이며, 따라서 식구들에게 도움을 주는 일을 해야 한다. 이 사실을 아이들도 잘 알고 있도록 해야 한다. 자기 의무를 게을리하거나 부모가 시키는 걸 하지 않으면 가족 구성원으로서의 혜택도 받을 수 없다는 걸 알아야 한다.

만약 부모 말을 잘 듣지 않아도 언제나 하고 싶은 일을 다 할 수 있다면 아이들이 힘들여 노력할 이유가 없어진다. 부모가 늘상

해주던 일을 갑자기 그만둬버리면 아이들은 자신의 실수를 되돌아보게 될 것이다.

규칙은 삶을 풍요롭게 해주는 조력자이지, 삶을 억압하는 폭군이 아니다

규칙을 적용하더라도 때로는 유연하게 대처할 필요가 있다. 살다보면 때에 따라 부드럽게 나가야 할 때가 있고, 규칙과 벌칙을 적용할 수 없을 때가 있다. 예를 들어 아이가 평소보다 스트레스를 많이 받거나 아플 때, 또 아기가 태어났다거나 식구들 중 누군가가 아플 때, 그리고 집안에 일이 생겼을 때라면 원칙만 고집하지 말고 규칙과 벌칙을 가볍게 할 필요가 있다.

규칙은 온 가족이 서로 좋은 관계를 유지하기 위해 필요한 것이다. 만약 우리가 규칙의 노예가 된다면 규칙은 삶의 조력자가 아니라 폭군이 되어버린다. 부모들은 품위를 잃지 않으면서도 적절히 원칙을 적용하는 게 좋다.

그러니까 아이가 평소 규칙대로 8시에 자지 않고, 손님이 아이와 놀고 싶어한다면 약간 늦게 재워도 괜찮다. 하지만 다음날 규칙을 꼭 지켜야 한다고 강조해두는 것이 필요하다. 그런데 이렇게 하면 영리한 아이는 칭얼댈 것이다.

"어젯밤엔 늦게까지 놀았는데."

이때 현명한 부모는 아이와 싸우지 않는다. 그 대신 부드러운 목소리로 이렇게 말할 것이다.

"지금은 8시고, 잠자리에 들 시간이야."

그래도 아이는 반항할지 모른다.

"왜 어제는 늦게까지 놀았는데 오늘은 8시에 자러 가야 되지?"

만약 이렇게 말한다면…?

그냥 웃어넘겨라. 그리고 "잘 자"라고만 말하라. 절대 아이와 싸우지 말아라.

3

아이들이 가장
좋아하는 게임
'왜?'

끊임없이 계속되는 '왜, 왜?'
아이들이 왜?라고 묻는 이유

슈퍼마켓 계산대에서 한 꼬마가 과자를 쥐고는 내 앞에 서 있었다. 아이 엄마가 계산을 하다가 아이 손에 들려 있는 과자를 보고는 이렇게 말했다.

"과자 도로 갖다둬라, 에릭."

그러자 꼬마가 물었다.

"왜?"

"안 사줄 거니까."

"왜?"

"너한테 별로 좋지 않으니까."

"왜?"

"그 과자는 너무 달고, 단것을 많이 먹으면 이빨에 안 좋으니까."

계산원이 아이의 팔을 잡았지만 아이는 계산대 뒤로 도망가서는 엄마가 계산을 마칠 때까지 기다렸다. 줄을 선 사람들은 정말이지 참기 괴로웠다.

"왜?"

"이빨이 상하게 되니까."

"왜?"

"이빨에 구멍이 나거든."

마침내 내 뒤에 섰던 남자는 다른 줄로 옮겼다. 그 후에도 '왜?'

는 계속되었고, 결국 아이 엄마는 폭발하고야 말았다.

"내가 이유를 설명해줬잖니!"

그렇게 소리치면서 아이의 과자를 빼앗았던 것이다. 두 모자가 가게를 빠져나간 뒤에도 계속해서 아이의 울음소리가 들려왔다.

아이들이 자꾸 '왜?'라고 묻는 이유는 그렇게 하면 효과가 있기 때문이다. 아이들은 대답을 원하는 게 아니라 주의를 끌고 싶거나 입씨름을 벌이려고 하는 것이다. 어떤 아이들은 이 '왜?라고 묻는 게임'이 부모를 얼마나 화나게 만드는지를 잘 알고 있기 때문에 이것을 즐기기도 한다.

이렇게 아이들이 끝없이 '왜?'라고 질문하면 부모들은 이루 표현할 수 없을 정도로 화가 난다. 부모들은 아이가 자신을 놀리고 있다는 걸 알면서도 논리적으로 답하려고 애쓴다. 그러다가 결국엔 앞서 슈퍼마켓에서 만났던 그 엄마처럼 "내가 이유를 설명해줬잖니!" 하면서 폭발해버리고 만다. 그리고 나선 죄책감에 빠지는 것이다.

'왜?'라고 물을 때마다
꼭 대답해줄 필요는 없다

한 번 정도 논리적인 답을 해줬으면 부모로선 할 일을 다한 것이다. 아이가 물고늘어져도 "나도 잘 몰라. 생각해본 적이 없거든."

"나도 그게 참 이상하더라." "글쎄…"라거나 미소로써 아이의 '왜?'에 답해주면 된다.

하지만 그러기 전에 우선 부모들은 아이의 질문이 진짜 호기심에서 물어보는 것인지, 아니면 이해를 못해서 물어보는 것인지, 또 단순히 입씨름을 벌이기 위해서인지를 잘 구별해야 한다.

아이들은 뭔가를 알고 싶기 때문에 끝없이 '왜?'를 되풀이한다. 아이들은 부모가 모든 걸 알고 있다고 믿기 때문에 부모가 충분히 답해주지 않으면 실망한다. 그래서 "난 몰라" 하고 부모가 답해버리면 아이들은 매우 화가 난다. 아이에게 부모란 존재는 모든 것을 알고 있고 잘 설명해주는 사람인 까닭이다.

그러나 부모들의 인내심에도 한계가 있는 법이다. 만약 한계에 도달했다고 느낀다면 감정을 죽이고 유감스럽다는 듯 이렇게 말하면 된다.

"나도 잘 모르겠는걸. 미안해. 하지만 잘 연구했다가 나중에 알려줄게."

그래도 자꾸 계속해서 아이가 고집을 피운다면, 그건 아이가 부모의 주의를 끌기 위해 그러는 거라고 생각하면 된다.

왜 엄마는 그것도 몰라?
정말 이상하군

세 살 된 지미가 엄마에게 물었다.

"벌은 왜 쏘는 거야?"

"다른 곤충이나 사람들로부터 자신을 보호하기 위해서지."

그러자 지미는 잠깐 생각하더니 다시 물었다.

"그럼 개는 왜 쏘지 않는 거지?"

"개는 쏘는 대신에 으르렁대거나 물어뜯어서 자기를 보호하거든."

잠시 후 또 물었다.

"왜 코끼리는 쏘지 않아?"

이쯤 되자 엄마는 아이가 동물원에 있는 동물들을 모조리 갖다 댈 것을 알아차리고는 이렇게 대답했다.

"모르겠어."

그래도 지미는 계속 물어보았다.

"왜 그들은 쏘지 않는 거야?"

"몰라."

모르겠다는 답을 몇 번 듣고 나자 지미는 이렇게 되묻는 것이었다.

"왜 엄마는 그걸 모르는 거야?"

바로 이 대목에서 엄마는 알아차릴 수 있다. 아이가 엄마의 답변에는 흥미가 없고 '왜'라고 묻는 게임에 재미를 느끼고 있다는 사실을.

이럴 때 엄마는 어떻게 대답해야 할까?

그냥 웃으면서 말없이 잠자코 있어라. 절대 싸우지 마라.

아이들은 끊임없이 문제를 제기해서
부모를 혼란스럽게 만든다

아이들이 크면 때로 상황을 정확히 이해하려는 생각이라기보다는, 부모가 내린 벌칙에 이의를 제기하고 싶어서 자꾸 '왜?'라고 질문을 해대는 수가 있다. 청소년기의 아이들은 끊임없이 문제를 제기함으로써 부모들을 혼란스럽게 만드는데, 이때 부모들은 자칫 잘못하면 싸움에 말려들게 된다.

톰은 부모가 잘 모르는 형들과 함께 윈드서핑을 가고 싶어했다. 물론 부모는 그걸 허락하지 않았다.

"걔들이 어떤 아이들인지 우린 잘 모른다. 그리고 그 아이들은 너보다 나이가 많잖아."

"왜요? 그 형들이 나보다 더 크다는 게 뭐가 문제죠?"

"그게 아니야. 걔네들은 걔네들 나이에 맞게 노는 거고, 너는 네 또래랑 노는 게 더 좋아. 또래 아이들을 알게 되면 그때 다시 말해라."

"왜 나랑 나이가 똑같아야 된다는 거예요? 그리고 왜 엄마, 아빠가 그 형들을 알아야 하죠?"

"너를 위해서지. 우린 그 아이들이 누군지도 모르는데다, 또 네가 너보다 나이도 더 많은 아이들과 어울리지 않았으면 하는 거야."

부모가 열심히 이유를 설명했지만, 톰은 계속해서 질문을 해댔다.

"그럼 왜 다른 부모님들은 그 형들과 노는 걸 허락하죠? 왜 그렇게 나에 대해 걱정을 많이 하시는 거예요. 왜 엄마랑 아빠는 내가 내 앞가림도 잘 못한다고 생각하시죠? 왜 엄마랑 아빠는 매사 그렇게 심각하게 반응하시죠?"

이런 질문들은 주제와는 아무 상관이 없으며, 또 부모를 곤란하게 만드는 것이다. 다행히도 톰의 부모는 싸움에 말려들지 않았다.

"우리가 허락하지 않는 게 그렇게도 이해가 안 되니?"

아버지가 톰에게 물어보았지만 톰은 고집스럽게 그 질문을 무시하려 들었다. 그러자 톰의 부모는 가볍게 웃어넘기며 화제를 다른 데로 돌렸다.

67

자꾸 '왜'라고 물으면서 싸움을 걸 때는
이렇게 말해보자

"잘 모르겠다. 넌 어떻게 생각하니?"

"이상한 것 같다, 그치?"

"왜 그런 질문을 하는 거니?"

"내가 생각해도 그건 좀 이상하더라."

"네가 '왜'라고 하는 게 무슨 뜻이니?"

"아빠가 학교 다닐 때 잘 알아두었더라면 좋았을걸. 언젠가 너는 그 해답을 알아낼 테니까 그때 아빠한테 알려줄래?"

"그거에 대해 생각을 좀 해봐야겠구나."

"해답이 있을 것 같긴 한데 지금은 생각이 잘 나지 않는구나. 생각할 시간을 좀 주겠니?"

"정말 재미있는 질문인걸? 아빠는 한 번도 생각해보지 못했거든. 하지만 뭐라 대답하긴 좀 어렵구나."

"아빠도 잘 모르겠어. 아빠 대신 네가 한번 좀 알아봐주겠니?"

"모르겠다. 그 말이 무슨 뜻인지 잘 이해가 안 가는구나."

"세상은 의문투성이고, 나도 모르는 게 너무 많아."

"음… 생각 좀 해봐야겠다. 아무 생각 없이 대답하면 너도 싫겠지?"

"아빠도 어렸을 때 할머니한테 그런 질문을 해본 적이 있는데 할머니도 잘 모른다고 하셨단다."

아이들은 억지를 부릴 때도
'왜?' 라고 자꾸 물어본다

아이들은 흔히 어거지를 부릴 때 '왜?' 라고 질문해댄다. 이럴 때
부모들은 거의 미칠 지경이 된다. 나 역시 그런 부모들 중 하나
다. 아이가 떼를 쓰기 시작하면 정말 끔찍했는데, 어쨌든 그 과
정을 거치면서 아주 훌륭한 규칙을 성공적으로 만들어낼 수 있
었다. 바로 다음과 같은 원칙이다.

"어떤 경우에든 징징거리기 시작하면 절대로 너희들이 원하는
걸 얻지 못할 거야."

예를 들어 아이스크림을 사달라고 할 때 목소리가 좀 이상해지
면서 칭얼거린다 싶으면 절대로 사주지 않았다. 과자를 먹고 싶
어할 때도 징징거리면서 말하면 과자를 사주지 않겠다고 분명하
게 못박았다.

또 해야 할 일을 하지 않으려 하거나 권리 주장을 하면서 징징거
리기 시작하면 "네가 자꾸 징징거리면 엄마는 더 이상 아무 말도
하지 않을 거야"라고 말해버렸다. 이렇게 하면 싸움은 저절로 끝
이 났다.

우리 집에선 무슨 일이 되었든 절대로 떼를 쓸 수 없었다. 그런
데 언젠가 한번은 우리 아이의 친구가 자기 엄마한테 떼를 써서
하고 싶은 대로 하는 것이었다. 그 모습을 본 우리 아이는 꽤 충

격적이었던 모양이다. 눈을 동그랗게 뜨고는 매우 놀라워했다. 정말이지 내가 보기에도 그 아이의 솜씨는 거의 프로급이었다.

보통 아이들이 떼를 쓰는 것은 타고난 천성이 아니라 후천적인 요인으로 만들어진다. 아이는 떼쓰는 게 통한다 싶으면 더욱더 징징거린다. 하지만 효과가 없는 곳에선 절대 그렇게 행동하지 않는다.

아이들은 고집을 부리고 떼를 쓰고 해서 부모를 조종하려 든다. 떼를 쓰는 것이 받아들여지고, 또 효과가 있다고 생각되면 그것이 습관적으로 몸에 배인다. 억지를 부려서 자신이 원하는 걸 얻는 아이들은 점차 고차원적인 수법을 익혀나간다.

억지부리기는 타고난 천성이 아니라
후천적으로 몸에 배는 습관이다

어떤 유치원 교사가 말하길, 유치원에 처음 오는 아이라도 그 아이가 떼쟁이인지 아닌지를 한눈에 알 수 있다고 한다. 집에서 항상 떼를 쓰던 아이는 교사가 모른 척하면 무척 당황해한다는 것이다. 그러면서 징징거리는 게 몸에 배어버린 네 살짜리 여자아이에 대해 얘기해주었다.

"그 아인 기분이 좋을 때도 항상 징징거렸어요."

교사는 그렇게 말했다.

"우린 그 아이에게 보통 때처럼 말하도록 가르쳤지만, 집에 돌아

가면 다시 징징거리면서 생활하니까 아이로선 꽤 혼란스러웠나
봐요."

어떤 경우든 떼쓰는 아이의 말을 들어줘서는 안 된다. 아까도 말
했지만 우리 집에선 떼쓰는 것이 절대 통하지 않는다. 나는 아이
들에게 그 점을 확실히 강조했다. "다 큰 아이(물론 그렇지 않을
수도 있겠지만, 이렇게 말해도 아이들은 굳이 따지지 않을 것이
다)는 떼를 쓰지 않는 거란다. 엄마는 너희들이 잘 자라줬으면
좋겠어"라고 말해주었다.

떼쓰는 아이를 다루는 방법이 있다. 아이가 떼를 쓰기 시작하면
완전히 무시했다가 잠시 후 조용해지면 그때 관심을 기울여주면
된다. 떼를 쓰면 부모의 관심이나 보살핌을 받을 수 있기 때문에
떼를 쓰는 것이다. 아이는 계속 자신이 떼를 쓰면 마음
대로 할 수 있다는 걸 재빨리 알아차린다.

한 아버지는 아이가 너무 징징거리니까 참다 못해 집에다 징징
거리는 곳을 만들어놓았다고 한다. 그리고는 아이가 억지를 부
리기 시작하면 바로 그곳에다 앉힌 다음 징징거리거나 말거나
그대로 내버려둔다는 것이다. 그렇게 하면 아이는 한동안 징징
거리다가 곧 평상시의 목소리로 돌아온다고 한다.

"그 방법은 정말 효과적이었어요. 이제 그곳은 징징거리는 아이
대신 먼지만 가득 쌓여 있죠."

그 아버지는 한껏 여유로운 미소를 지으며 말했다.

집에선 얌전하다가도
밖에만 나가면 폭군이 되는 아이

부모들은 보통 사람들이 보는 앞에서는 아이가 징징대거나 잘못된 행동을 해도 속수무책으로 어쩔 줄 못한다. 그런데 아이들이 이 사실을 알게 되면 이중적인 행동을 하게 된다. 집 밖에 나가면 규칙을 지키기 어렵다는 걸 알기 때문에 아이들은 여러 사람이 모여 있는 곳에 가면 나쁜 행동을 하는 것이다.

그럼 아이들이 밖에서 좋지 못한 행동을 했을 때 어떻게 다루어야 할까?

그럴 땐 집으로 돌아왔을 때 확실하게 벌을 내려야 한다. 어떤 부모들은 슈퍼마켓에서 울화가 치밀었던 일을 잊어버린다. 또 대다수 부모들이 아이에게 항복해버리고 만다. 이로써 아이는 사람들이 보는 앞에서 부모를 당황하게 만들고는 원하는 것을 얻어낸다.

그러나 만약 아이가 집에 돌아와서 부모한테 정확하게 벌칙을 받는다면 분명 생각이 달라질 것이다. 다음에 또 그런 행동을 하면 어떤 결과가 올지….

아이들이 집에 있을 때와 집 밖에 나갔을 때 너무나 다르게 행동하는 바람에 정말 고민스러웠다는 한 엄마가 얘기했다.

"전 아이들이 집에 있을 때는 징징거리거나 말썽을 피우지 못하게 해요. 그런데 다른 집에 가니까 완전히 달라지는 거예요. 계속 징징거리고 말썽을 피우는 거 있죠. 전 무척 당황스러웠어요. 마치 저한테 반항하는 것 같더라구요."

아이들이 집 밖에서 엄마의 규칙을 시험하고 있다는 걸 알아차렸을 때 그녀는 집에 돌아와서 벌칙을 두 배로 강화시켰다고 한다. 그렇게 해서 아이들의 잘못된 행동을 바로잡아나갔던 것이다. 예를 들어 집에서 아이가 떼를 쓸 때 아무 대꾸도 해주지 않았다면 다른 곳에서도 똑같이 대했다. 또 아이가 공공 장소에 가서 정도 이상으로 떼를 쓰면 집에 돌아오자마자 아이가 누리는 즐거운 특권들을 두 배로 없애버렸던 것이다.

그녀의 테크닉은 매우 성공적이었다. 얼마 후 그녀가 아이들과 함께 음식점에 갔을 때, 거기서 다른 아이들이 버릇없이 구는 걸 보게 되었단다. 그러자 그녀의 아이들이 버릇없이 구는 아이를 보면서 이렇게 말했다고 한다.

"얘, 너 이따 집에 가면 분명히 너네 엄마한테 혼날 거야."

좀더 큰 아이들은 세련된 기술로 친구나 친척들 앞에서 부모를 놀리거나 당황스럽게 한다. "넌 우리 엄마가 미친 듯이 화내는 모습을 봤어야 해. 지난번에 우리 엄마가 말이야…"라든가 "아

73

빠, 그때 아빠가 얼마나 용감했는지 한번 더 얘기해주세요…"
등등.
이건 슈퍼마켓에서의 행동이 좀더 세련되게 변했을 뿐이다. 이에 대한 가장 멋진 대응 방법은 담담하게 무시해버리는 것이다. 아이들이 부모를 당황하게 만든다면 부모도 아이를 친구들 앞에서 무안줄 수 있다는 사실을 깨닫게 해라. 원칙을 지켜나가면 이런 일은 두 번 다시 일어나지 않을 것이다.

원칙을 지켜라. 벌칙을 분명하게 적용하되, 절대 싸우지 마라.

4

아이에게
효과적으로 화내는
방법

아이에게 화를 내는 것이
꼭 나쁜 일만은 아니다

로라가 남편에게 소리쳤다.

"그래요, 난 화를 잘 내는 여자예요. 하지만 난들 좋아서 화를 내겠어요? 화를 내야지 말을 들어먹으니까 그렇지. 도대체 기분 좋게 말하면 들어먹질 않는다니까요."

로라와 같은 유형의 부모는 습관적으로 화를 내는 스타일이다. 문제 자체를 해결하지 못하고 아이들의 시비에 말려들거나 화부터 내는 것이다. 결국 부모는 아이의 주의를 끌기 위해 계속해서 화를 내게 된다. 부모가 화를 내지 않으면 아이들도 심각하게 생각하지 않는다.

그런데 그렇게 하다보면 부모는 점점 더 강도를 높여 화를 내야 한다. 그래야만 아이들이 말을 들으니까. 예를 들어 아이가 신발끈을 매지 않았을 때 화를 내게 되면 우유를 쏟았을 때는 더 심하게 화를 내야 한다. 또 아이들이 반항할 때는 더욱더 격렬하게 화를 내야 하는 상황이 되어버린다.

이렇게 습관적으로 화를 내는 것은 어떤 식으로든 자제해야 한다. 하지만 그렇다고 해서 무조건 화를 내지 않는 것도 문제가 될 수 있다. 부모가 아이에게 화를 내는 것이 꼭 나쁘지만은 않기 때문이다. 가끔은 화내는 것이 좋을 때도 있다. 아이가 자기 자신이나 형제를 위험하게 만들거나, 다른 사람의 기분이나 물건에 주의하지 않았을 때, 그리고 중요한 문제를 놓고 부모의 결정에 따르지 않을 때는 부모가 화를 내는 것이 좋다.

부모가 무조건 참기만 하면
아이들은 부모의 인내심을 시험해본다

훌륭한 부모라면 화를 내지 않아야 한다는 게 보편적인 상식이었기 때문에 화내는 것이 나쁘다고 여겨져왔다. 그래서 오늘날에도 많은 부모들이 아이들에게 화내는 걸 꺼려한다. 비록 속으로는 부글부글 끓어오르지만 겉으로는 부드러운 미소를 띠우며 대한다.

가족치료학자들은 이런 유형의 부모들을 '참고 웃는 스타일'이라고 부르는데, 이런 부모들은 아이가 잘못된 행동을 할 때도 무조건 아이에게 잘해주려고만 한다. 이때 아이들은 부모의 인내심을 시험해보려고 갖가지 방법을 동원한다. 앞서 슈퍼마켓에서 보았던 꼬마의 경우가 바로 그에 해당한다.

현명한 부모라면 야단을 쳐야 할 때는 따끔하게 혼을 낸다. 물론 지나치게 화를 내서는 안 될 것이다. 그렇게 되면 화를 내는 것이 습관으로 굳어지고, 또 그렇게 습관으로 굳어지면 아이의 잘못을 제대로 바로잡아줄 수가 없다.

화가 났을 때는 무엇보다 우선 '화를 낼 만한 가치가 있는가?' 하고 스스로 물어봐야 한다. 왜냐하면 화부터 내기 시작하면 아이의 행동을 바로잡아주고 싸움을 막는 데 필요한 에너지를 쓸데없는 곳에다 써버리게 된다. 그러므로 화부터 내서는 안 된다.

온종일 아이들에게 시달리다보면
자기 자신에게 화가 나게 마련이다

부모들과 얘기하다보면 굉장히 자주 듣게 되는 말이 있는데, 바로 어쩔 수 없이 자꾸만 화를 내게 된다는 것이다.

한 엄마는 이렇게 말했다.

"저도 화내는 게 싫어요. 하지만 화를 내야 식구들이 말을 듣는데 어쩌겠어요. 그러다가도 제 기분이 좀 풀어졌다 싶으면 다시 도로아미타불이에요. 아이들은 금세 하던 일을 멈춰버리죠. 그러면 우린 또 싸우기 시작해요."

흔히 부모들은 아이가 필요로 하는 걸 채워주고, 논쟁하는 걸 들어주고, 또 오만 가지 일에 다 신경을 쓰곤 한다. 그렇게 몇 시간 또는 온종일 아이들과 정신없이 부대끼다보면 깨닫지 못하는 사이 자기 자신에게 화가 나게 된다. 그들은 화를 꾹꾹 눌러 참다가도 아주 사소한 상황에서 폭발해버리고 만다. 예를 들어 아이의 별것 아닌 말투가 귀에 거슬렸다거나, 셔츠가 조금 찢어졌다거나, 또 얼음 상자에 얼음이 떨어졌다거나 하는 등 아주 사소한 일들 말이다. 화장실에서 이렇게 소리칠지도 모른다.

"왜 꼭 엄마만 화장실 휴지를 갈아끼워야 하는 거지? 맨 마지막에 쓴 사람이 갈아끼우라고 내가 몇 번이나 말했니? 왜 이걸 나만 해야 하는 거냐구! 엄마가 너희들 종이야 뭐야? 도대체 아무도 신경을 안 쓴다니까."

그러면 엄마를 바라보면서 아이들은 이렇게 생각할 것이다.

'정말 이상해.'

아이들은 왜 엄마가 화를 내는지 잘 모른다. 그저 아이들은 화장실에 휴지가 없다고 고래고래 소리를 지르며 화내는 엄마를 보고 있을 뿐이다. 아이들에겐 예상치 못한 분노인 셈이다. 엄마는 더욱더 화를 내기 시작한다.

화를 내기 전에 우선
아이에게 자기 감정을 솔직히 표현한다

화가 치밀어오르기 시작한다 싶으면 우선 아이들에게 자기 감정을 솔직히 표현하는 것이 좋다. 그래야 어쩌지 못하고 아이에게 의미 없이 화를 폭발해버리는 걸 막을 수 있다.

부모교육 시간에 한 어머니가 자신이 쓰는 방법에 대해 이야기했다.

"슬슬 열이 뻗치기 시작하면 나는 잠시 멈춘 다음 아이에게 이렇게 말하죠. '지금 굉장히 화가 나려고 하는구나. 그 이유를 알고 싶니, 아니면 내가 화를 낼 때까지 기다릴 거니?' 라고 말예요."

이 방법은 내가 우리 아이들한테 썼던 것과 비슷하다.

"엄마가 기분이 좋으면 우리 모두 잘 지낼 수 있는데, 너희들도 그 사실을 알고 있니?"

이렇게 내가 물으면 아이들은 인정했다.

"그래요."

"근데 지금 난 별로 행복하질 않구나. 그 이유를 알고 싶지 않니?'

그럼 아이들은 알고 싶다고 한다.

"내가 기분이 나쁜 이유는…."

화를 가라앉힌 목소리로 이유를 설명해준 다음엔 아이들에게 물어보곤 한다.

"엄마 생각에 대해 너희들은 어떻게 생각하니?"

아무리 화가 나도
절대로 해서는 안 되는 말이 있다

부모들은 일단 화가 나기 시작하면 해야 할 말과 하지 말아야 할 말을 잘 절제할 수가 없다고 한다. 한 엄마가 말했다.

"전 옛날 일을 자꾸 파헤치게 돼요. '넌 항상 말이지…' 라든가 '너는 한 번도 …하지 않았어' 라구요. 그러고 나면 저 자신이 너무 혐오스럽죠. 매번 화가 나면 저도 모르는 사이에 그런 말을 하게 되는데, 어떻게 하면 좋을까요?"

욕을 하고 기분 나쁜 얘기를 들먹이는 등 하지 않아야 할 말을 하게 되는 것도 바로 이때다.

"정말 한심한 애야."

"넌 어쩜 그렇게 네 아빠(엄마)를 쏙 빼닮았니?"

"아무짝에도 쓸모없는 녀석 같으니라구."

화가 나서 하는 말이긴 하지만 일단 이런 말들은 마음속에 오랫동안 앙금으로 남게 되고 아이들에겐 자기불신이나 자기학대로 깊이 자리잡는다.

어떻게 하면 부모들의 지나친 화풀이를 줄일 수 있을까? 이건 분명 어려운 일이다. 하지만 화를 낼 때도 나름대로 규칙과 한계를 정해둔다면 그리 어려운 일만도 아니다. 우선 화를 내게 만든 문제 그 자체에 초점을 맞춰야 한다. 그렇지 않고 아이를 공격하는 것은 아무 의미 없는 일이다. 여기서 하나의 예를 들어보자.

인신공격은 아이의 마음속에
자기불신과 자기학대로 자리잡는다

열한 살 된 팀은 항상 저녁 식사 시간에 늦곤 한다. 이 집의 규칙은 6시가 되면 모두 함께 모이는 것이다. 식구들 중 누군가 뚜렷한 이유 없이 식사 시간에 늦거나 빠지면 벌칙이 있기는 하지만 지금껏 벌칙이 제대로 적용된 적은 없다. 하지만 팀의 엄마는 팀이 나타날 때까지 식사 시간을 미뤘고, 그렇게 되면 남편이나 다른 아이들이 배고프다고 불평하는 걸 달래야만 했다. 팀의 엄마로선 정말이지 피곤하고 짜증나는 일이었다.

그날도 팀은 15분이나 늦게 어슬렁거리며 나타났다. 아버지는 피곤에 지치고 배가 고팠고, 더 이상 화를 참을 수가 없었다. 드디어 화가 폭발해버리고 말았다.

"그래, 집에 들어오긴 했구나. 정말 눈뜨고 볼 수가 없군. 도대체 넌 다른 식구들 생각을 조금이라도 하는 거니? 어떻게 항상 너 하고 싶은 대로만 할 수가 있어. 너 때문에 다른 식구들이 피해를 보잖아. 네 생각밖에 안 하는 정말 이기적인 아이야."

그는 얼굴을 구기며 앉았고, 나머지 식구들은 무거운 침묵 속에서 식사를 했다.

아버지는 팀이 식사 시간보다 늦게 왔다는 문제 그 자체보다는 팀을 개인적으로 공격함으로써 쓸데없이 화를 내고 있다. 이 때문에 팀은 상처를 받고 말았다. 식사 시간에 늦은 건 분명 잘못한 일이었고, 그 때문이라면 얼마든지 야단맞을 각오가 되어 있었다. 그런데 아버지는 팀에게 역겹다거나 이기적이라는 말을 했고, 그건 모욕적이고 화나는 일이었다. 식사 시간에 늦은 사실과 관계없는 것으로 왜 그렇게 공격을 당해야 하는지 부글부글 화가 끓어올랐고 도저히 납득할 수 없었다.

화를 내면서도 효과적으로 대응하고 싶다면 문제 그 자체에 초점을 맞춰야 한다.

"팀, 오늘은 저녁밥 없다. 지금껏 우린 목빠지게 널 기다리고 있었어. 내일은 꼭 제 시간에 오리라 믿어."

화를 낼 때는 1분 동안만, 그리고 하루 3번 이상 화내지 않는다

주제에서 벗어나지도 않고 공격적인 분위기도 만들어내지 않으려면 짧은 시간 안에 야단을 쳐야 한다. 1분을 넘기지 않는 것이 좋다. 1분 이상 잔소리를 하면 제대로 듣지도 않고 반항하기 때문에 역효과를 초래한다고 아동심리학자들은 말한다.

"부모님들께 항상 말씀드리죠. 아이들에게 중요한 이야기를 전달할 때는 1분 안에 하시라구요. 전 부모님들께 두 가지 방법을 권하고 있습니다. 첫째, 화가 날 때는 1분 동안만 화를 낸다. 둘째, 하루에 3번 이상 화내지 않는다. 자주 화를 내시던 부모님들에겐 이 방법이 어렵게 느껴질지 모르지만 일단 습관이 되면 이 두 가지 방법이 매우 효과적이란 사실을 아시게 될 거예요."

아이들이 저지른 잘못을 가지고 이러쿵저러쿵 장광설을 늘어놓고 싶은 충동을 억제한다면 아이들도 부모가 화를 낼 때 조심하게 된다.

열 살짜리 아이가 말했다.

"우리 엄만 툭하면 화를 내기 때문에 크게 신경쓸 필요가 없어요. 하지만 아빠는 화를 잘 내시지 않는 편이에요. 그래서 아빠가 한번 화를 내실 때는 뭔가 잘못했다는 걸 깨닫게 되죠. 아빠는 절대 소리를 지르거나 다른 어떤 행동을 하시지 않아요. 단지 '너한테 실망했다'고 말하고 나가버리시죠."

부모가 화를 내면 아이도 똑같이 화가 난다는 사실을 알고 있어야 한다. 아이들은 자신에게 화내는 상대에 대해 곧바로 화를 내기 때문에 되도록 부모들은 화를 절제하는 것이 좋다.

"왜 그래? 도대체 뭐 하나 제대로 하는 게 없잖아"라고 하면 아이도 화가 나서 "내가 일부러 그런 것도 아닌데, 왜 소릴 질러요?"라고 할 것이다.

이렇게 되면 결국 일상적인 얘기조차 화를 내면서 하게 된다. "와서 밥 먹어라"하는 말까지도 화난 것처럼 들리고 "잠깐만요"하는 대답도 화난 것처럼 들린다. 이런 가정은 부드러운 말투로 대화할 수 있다는 사실 자체를 모른다.

말 한마디가 만들어내는, 작지만 큰 행복

몇 년 전에 아주 재미난 가족을 본 적이 있다.

그 가족은 여름 동안 잠깐 우리 옆집을 빌려 쓰고 있었는데, 우리 가족과 함께 뒷마당에서 많은 시간을 보내곤 했다. 그래서 그들 가족이 서로 나누는 대화를 가까이서 들을 수가 있었다. 그 집 식구들은 가장 나이 어린 꼬맹이까지 늘 화난 투로 말했고, 그렇게 거친 말투로 얘기하는 게 그들 가족 사이에선 기본이었다.

어느 햇볕 쨍쨍한 오후였다. 아이들과 엄마가 밖에서 놀고 있었는데 네 살짜리 꼬마가 갑자기 소리치는 것이었다.

"내 물통 누가 집어갔어?"

그러자 여덟 살배기 오빠가 대답했다.

"아무도 안 가져갔어. 바보 같기는. 저기 모래 상자 안에 있잖아."

"바보는 바로 너야. 도대체 어디 있단 말야? 안 보이잖아."

"너 아무래도 장님인가보다. 니가 그 위에 앉아 있으니 당연히 안 보이지."

"시끄러워. 나보다 좀 크다고 잘난 줄 아나봐."

아이들의 대화가 계속되자 이번엔 엄마가 소리쳤다.

"그만 싸우지 못하겠니? 맞아야 정신을 차리겠어?"

잠시 후 아빠가 나타나자 엄마가 말했다.

"당신이 좀 어떻게 해봐요. 아빠란 사람이 도대체 뭐 하는 거예요? 집안을 이끌어가는 건 바로 당신이잖아요."

그 말을 들은 아빠가 말했다.

"왜 내가 해야 되지?"

그리고는 아이들을 보며 이렇게 말하는 것이었다.

"엄마한테 말해라. 난 엄마랑 얘기하는 게 너무 피곤하단다."

"엄마가 원하는 게 뭔데요?"

아이들이 묻자 아빠가 말했다.

"그걸 내가 어떻게 아니? 니네들 엄마니까 니네들이 더 잘 알겠지."

지금까지 독자 여러분은 화난 말투로 대화하면서 쓸데없이 감정을 소모하는 모습을 보았을 것이다. 그 집 식구들이 얘기하는 걸 듣고 난 후 우리 집 아이들은 두 눈이 동그랗게 돼가지고는 저희들끼리 속삭였다.

"저 집 식구들은 지금 싸우고 있는 거야."

하지만 결국 불쾌한 표정을 짓고는 옆집 가족의 대화를 그저 그러려니 하고 넘겼다. 물론 흉내내기도 했다. 딱 한 번이지만.

그런데 참 재미난 것은, 옆집 사람들은 자기네들끼리는 거칠게 대하지만 우리랑 같이 있을 때는 그럴 수 없이 부드러웠으며 아주 예의바르게 행동했다. 모순되게도 그들은 푸들 강아지한테는 아낌없는 애정과 관심을 퍼부었다. 그들은 서로 거칠게 말을 주고받으면서도 강아지만 보면 "우리 사랑스러운 강아지, 넌 이 세상에서 가장 예쁜 강아지야"라고 말하는 것이었다. 물론 우리가 담 너머 상황을 자세히 살펴볼 순 없었지만 그들이 강아지를 대

할 때의 부드러운 목소리만큼은 또렷하게 들을 수 있었다. 언젠
가 한번은 우리 딸이 나한테 물어보았다.

"왜 저 집 식구들은 강아지한테 말하듯이 서로에게 말하지 않는
거야?"

그래서 난 아주 진지하게 대답해주었다.

"아마 그 방법을 모르는 거겠지."

정말 난 그렇게 믿는다. 너무 자주 화를 내게 되면 그건 아무 효
과도 발휘할 수 없다. 그리고 습관이 되어버린다. 그들은 서로를
존중하고 배려하는 방법을 모르고 있는 것이다. 가급적 화를
내지 않을 때 삶은 좀더 즐거워질 수 있다.

5

'안돼' 엄마에게
꼭 필요한
유머 전략

재치 있는 유머로
아이를 당황스럽게 만든다

일곱 살짜리 테리가 말했다.

"엄마, 배고파. 과자 없어?"

그러자 엄마가 답했다.

"없단다. 근데 조금 있다 저녁 먹을 거야."

그래도 아이는 계속 칭얼거렸다.

"지금 배고프다니까. 그리고 난 당근 같은 건 먹고 싶지 않아. 왜 과자가 하나도 없는 거지?"

아이는 거의 막무가내로 떼를 썼다.

그걸 보고도 엄마는 아무 말 하지 않았고, 아이는 계속해서 고집을 부렸다.

"왜 엄마는 과자를 만들지 않은 거야? 당근은 먹을 수 있다면서 왜 과자는 먹으면 안 돼?"

엄마가 계속 아무 얘기도 하지 않자 아이는 얼굴을 찡그리며 혀를 내밀었다. 그러자 엄마는 아이를 보고 웃으면서 이렇게 말했다.

"너 지금 표정, 정말 재밌다. 나랑 같이 거울 보러 가지 않을래?"

엄마의 말에 테리는 순간 당황했다. 엄마와 싸우고 싶어 나름대로 음모를 꾸몄는데, 기대와 달리 화는 내지 않고 도리어 웃는 게 아닌가! 아이는 어떻게 해야 할지 함정에 빠진 기분이었다.

동시에 삐치기도 하고 웃기도 하는 건 어려운 일이니까.

다른 부모의 경우다.

이건 한 아버지가 들려준 얘기인데, 아내가 고열로 누워 있었을 때의 경험담이다.

아이들이 아픈 엄마를 간호해야겠다는 생각으로 오레오 쿠키의 설탕을 닥닥 긁어모아 그릇에 담아 갖고 왔다고 한다.

"처음에 전 아이들이 한 짓을 보고는 야단을 칠까 생각했죠. 하지만 금방 그게 얼마나 재미있는 일인지 알았어요. 그래서 아이들 손때가 묻은 설탕을 아내한테 갖다주게 했죠. 아내는 하루 종일 아무것도 먹질 못했거든요. 그랬더니 아내가 아이들을 보고는 터져나오려는 웃음을 간신히 참으며 이렇게 말하더군요. '엄마가 너무 아파서 지금은 설탕을 먹을 수가 없어. 하지만 정말 멋진 생각을 해냈구나.' 사실 그때 우린 아이들에게 화를 낼 수도 있었지만 그렇게 하지 않았어요. 물론 아이들이 없는 데서 우리끼리 낄낄거리며 웃긴 했지만요."

화가 날수록 유머로 대하자.
그렇지 않으면 더 많은 것을 잃는다

여유 있는 부모들은 아이와 싸우기보다 유머로 응수한다. 나는 나이 든 부모를 만나면 꼭 한 번씩 이렇게 물어보곤 한다.

"다시 아이를 키우게 된다면 어떻게 키우고 싶으세요?"

그럴 때마다 듣게 되는 답변은 언제나 한결같았다.

"더 많이 웃을 거고, 절대 소리지르지 않겠어요. 별것도 아닌 일을 가지고 심각한 문제인 것처럼 생각하지 않겠어요. 아이들과 좀더 즐겁게 지낼 거고, 부모의 권위도 내세우지 않을 거예요."

유머는 아주 소중한데도 불구하고 우리가 잘 사용하지 않는 자원이다. 흔히 우리는 아이들이 시비를 걸거나 잘못을 하면 대뜸 화부터 내거나 비난을 하게 된다. 하지만 이런 상황에서 유머를 잊는다면 많은 것을 잃고 말 것이다.

이럴 땐 이런 유머로…
부모와 아이 모두 즐거워진다

아이가 식탁에 앉아 내내 징징거리고 있다. 그러면서 짜증 섞인 목소리로 말한다.

"이게 맛있다는 거예요?"

아이의 투정에 우리가 부정적으로 반응한다면 아마 이렇게 될 것이다.

"잘 봐. 엄만 이걸 만드느라 한 시간이나 걸렸어. 어쩜 너는 엄마 생각은 눈곱만치도 안 하는 거니?"

하지만 우린 이렇게도 대답할 수 있다.

"엄마도 잘 모르겠는걸. 하지만 이걸 팔면 비싸게 받을 수는 없다는 생각이 드는구나."

열네 살 된 아이가 "내가 어릴 땐 못하게 하더니 왜 동생한테는 허락하는 거죠?" 하면서 자기가 자랄 때보다 동생에게 관대하게 대한다고 불만을 터뜨리면 우리는 변명을 할 수도 있지만, 그보다는 차근차근 설명을 해주는 게 좋다.

"똑같은 벌칙이라도 때에 따라 효과적이지 않다는 걸 알게 되었거든. 그래서 엄마, 아빠는 생각을 바꿨단다."

"방청소를 했단 말예요"라고 아이가 울먹이며 얘기할 때 부모는 "이걸 청소라고 했다는 거냐? 침대 위에 널려 있는 옷을 좀 봐. 옷장 위에도 잡동사니가 그대로 쌓여 있잖아. 그리고 저 침대 밑에 장난감은 또 뭐니?"라고 혼내듯 할 수 있을 것이다.

그러나 우린 이렇게도 말할 수 있다.

"정말 잘했구나! 하지만 내가 보는 앞에서 다시 청소를 해봤으면 좋겠는데. 그래야 네가 얼마나 빨리 청소하는지 알 수 있을 테니까."

심심한 아이가 괜히 불평을 늘어놓는다. 단지 형이 자기를 쳐다보고 있다는 이유만으로.

"엄마, 형이 날 못 보게 해주세요."

그럼 우린 동생을 쳐다보고 있는 형에게 잔소리를 늘어놓을 수 있다. 하지만 이렇게도 얘기할 수 있을 것이다.

"이상하다고 생각되겠지만, 우린 누구나 좋아하는 사람을 쳐다보게 돼 있어. 아마 형이 널 굉장히 좋아하나봐. 맞지, 코리?"
이렇게 말한다면 모든 싸움은 멈춰버릴 것이다. 조금이라도 생각이 있는 아이라면 분명 자기를 좋아하는 형이 혼나길 바라지 않을 것이다.

밖에 눈이 쌓여 있는데도 부츠를 신지 않겠다고 아이가 고집을 부린다면 "부츠를 신어야 춥지도 않고, 또 편하고 신발도 더러워지지 않잖아"라고 주장할 수 있다.
그러나 이렇게도 말할 수 있다.
"좋아, 그럼 너한테 선택권을 줄게. 부츠 대신에 비닐 봉투 두 개하고 그걸 묶을 수 있는 고무 밴드를 줄게. 부츠를 신든지, 아니면 비닐 봉투를 신든지 네 마음대로 정하렴."

만약 아이가 숙제하길 싫어하고(아이가 계속 숙제를 해오지 않아서 교사가 부모 면담을 요청하는 그날까지도), "숙제는 안 하겠어"라고 한다면 우리는 소중한 에너지를 숙제하라고 야단치는 데 소비할 수 있다. 그렇지만 이렇게 화끈하게 대답할 수도 있다.
"엄마가 요리 방법을 몇 가지 베껴야 할 일이 있는데, 이번 기회에 네가 글씨를 잘 쓸 수 있도록 기회를 주마."

십대들이 툴툴거리면서 "다른 엄마들은…" 혹은 "다른 집 아빠들은…"이라고 심술궂게 부모를 공격한다면 우린 화를 낼 수도 있다.

"난 다른 엄마들이 어떻게 하든 상관없어. 나는 네 엄마고, 그게 너한테도 좋아."

하지만 유감스럽다는 듯 이렇게 말할 수도 있다.

"알아. 하지만 엄마는 네가 이 엄마의 아들인 게 다행이라고 생각하는데?"

"아이 심심해. 할 만한 게 아무것도 없네."

이렇게 아이가 불평하면 우린 곧바로 화를 내거나, 아니면 아이에게 이런저런 일을 해보라고 끊임없이 얘기해준다. 물론 아이들은 엄마의 제안을 곧바로 거절해버리지만.

그럴 땐 이런 식으로 기분 좋게 대할 수도 있다.

"마침 플라스틱 상자를 제대로 맞춰놓아야 했는데, 참 잘됐다. 안 그래도 누군가가 그런 말 하길 기다리고 있었거든. 그러니까 네가 상자 뚜껑을 좀 맞춰주면 좋겠다. 그리고 그것말고도 엄마 혼자서 할 수 없는 일이 몇 가지 있단다. 앞으로 할 일이 없으면 얼른 엄마한테 알려다오."

이런 경우 아이들이 할 일을 미리 준비해두는 것도 중요하다.

예를 들면 단추를 분류하는 일, 동전을 세는 일, 침대 시트를 벗기는 일, 양말을 짝맞춰놓는 일, 장난감을 고치는 일, 쿠폰을 정리하는 일, 할머니께 편지 쓰는 일 등등.

아이가 뭔가에 심통나서 입이 앞으로 튀어나왔을 때 우린 화를 내면서 "그래, 계속 그렇게 하고 있으렴. 그렇다고 내가 그만둘 줄 아니?"라고 반응할 수 있을 것이다(아이는 이미 그렇다는 걸 알고 있거나, 아님 우리가 그렇게 할 수 없으리란 걸 알고 있다). 하지만 우리는 기분 좋게 말할 수도 있다.

"입 나온 폼이 꽤 멋진걸. 그 어느 때보다 입이 많이 나왔군. 아빠가 퇴근해서 올 때까지 그렇게 하고 있을래?"

아이가 부모의 결정을 두고 불만스러운 듯 중얼거리면 "지금 뭐라고 하는 거야? 나한테 반항하고 있다는 거, 다 알고 있어. 이제 그만두지 못하겠니!"라고 야단칠 수 있다.

하지만 이렇게도 말할 수 있다.

"지금부터 3분 간만 궁시렁거리고 나서 접시를 정리하도록 해라."

아니면 "궁시렁거리는 걸 좋아하는 사람이 나말고도 또 있었네. 나만 그걸 좋아하는 줄 알았더니, 정말 기쁘군. 신경질날 때 궁시렁거리고 나면 기분이 한결 좋아지지."

이상은 폭발할 수도 있지만 부모 입장에서 재치를 발휘해서 화를 누그러뜨릴 수 있는 방법들이다. 유머는 쓸데없는 시비를 줄여 부모의 에너지를 아껴줄 뿐만 아니라, 아이가 학교에서 생활할 때나 친구들과 놀 때 그리고 작은 모임에서 여러 가지 갈등 상황을 해결할 때 모델이 된다. 부모가 적절한 유머로 문제를 잘 해결하는 사람이라면, 아이들도 알게모르게 영향을 받아 어떤 문제든 지혜롭게 해결해낼 것이다.

주제에서 벗어난 우스갯소리는
오히려 부작용을 초래한다

화를 낼 때도 절제해야 할 필요가 있듯이, 유머를 사용할 때도 너무 지나쳐서는 안 된다. 부모가 항상 장난치듯이 말하면 아이는 자신이 놀림받는 것 같아서 화를 낼 것이다. 사실 유머는 정확한 대답이 아니므로 아이를 더욱 화나게 만들 수 있다. 어떤 상황에선 유머러스한 답변이 더할 수 없이 훌륭한 효과를 발휘하지만, 어떤 상황에선 나쁜 결과를 초래할 수도 있다.

아이가 불평을 할 때 주제에서 너무 벗어난 우스갯소리로 대해서는 안 된다. 비록 재미있게 대답하고 싶은 생각이 있더라도 그럴 만한 가치가 있는 주제인가 아닌가를 생각해야 하며, 적절한 상황인가를 판단한 뒤에 조심스럽게 유머를 사용해야 한다.

상황에 따라 여러 가지 방법으로 반응할 수 있다. 무시하거나, 공감해주거나, 동의하거나, 토론하거나, 심리분석을 하거나, 사과를 하는 것 등등. 유머로 대응하는 것도 그 중의 하나로, 웃으면서 얘기했을 때 대화가 잘 풀리기도 하지만 반대로 잘못될 수도 있다.

혹시 아이가 울고 싶어할 때도 유머를 사용하는 것은 아닌지 살펴본다

유머를 자칫 잘못 사용하면 오히려 위험하다. 이때의 유머는 불필요하다. 앞에서 얘기한 바 있듯이, 비꼬는 말투는 매우 나쁜 영향을 미친다. 그리고 아이를 놀리거나 말문을 막거나 하찮게 취급하는 것은 가정의 화목을 깨뜨린다. 아이를 놀리는 것은 잔인한 일이며, 가족들 간에 자연스럽게 서로를 놀리는 습관을 만들어낸다. 때로 이것은 아이들을 아주 화나게 하고 대화를 더욱 어렵게 만들어버린다.

어떤 유머는 다른 사람들에겐 아무 문제도 안 되지만, 나한테는 매우 기분 나쁜 말이 되기도 한다. 특히 내 기분을 전혀 고려하지 않은 유머는 더욱 그렇다. 예를 들어 내가 아주 우울해 있을 때 누군가가 다가와서 재밌는 유머를 던졌다고 가정해보자. 그 유머가 아무리 재미있더라도 나는 절대 웃을 수가 없을 것이다. 그런데 상대방은 내 기분과 상관없이 "이봐, 자넨 유머 감각도 없나?"라고 한다면 아마 나는 피가 거꾸로 치솟을 것이다.

이건 아이들도 마찬가지다. 우리가 기분 나빠 있는 아이에게 "자, 웃어보자"라든지 "어디 보자. 오, 가엾은 대니, 시무룩해 있구나"라고 농담을 던진다면, 그리고 아이가 울고 싶은 심정일 때 억지로 웃기려 한다면 우린 분명히 유머를 남용하고 있거나 잘못 사용하고 있는 것이다.

나는 종종 가족들끼리 서로 듣기 싫어하는 말을 목록으로 만들어보라고 권한다. 엄마와 아빠를 포함해 온 가족이 모여 듣기 싫어하는 말(상처를 입는 말)을 세 가지 정도 정해놓으면 모두들 그것을 존중하게 될 것이다. 그 목록은 때에 따라 달라지겠지만, 이렇게 하면 가족들이 서로의 행복에 대해 책임감을 갖게 된다. 어떤 이에겐 아무것도 아닌 말이 종종 다른 사람에겐 큰 상처가 될 수 있기 때문이다.

적절한 유머가 생각나지 않으면 그냥 '사랑한다'고 말한다.

어떤 유머를 써야 할지 잘 생각나지 않을 때는 그것에 너무 얽매이지 않는 게 좋다. 그저 여러 가지 방법 가운데 하나라고만 생각하자. 예를 들어 아이가 전혀 말도 안 되는 억지를 부릴 때 아주 유용하게 써먹을 수 있는 답이 있다. 바로 "왜냐면 널 사랑하니까"라는 말이다. 물론 '널 사랑한다'는 말도 다양한 어투로 말할 수 있다.

진지하게

아이가 세수를 하지 않겠다고 버틸 때, 또 잘못된 행동이나 거친 말투를 고치지 않겠다고 고집을 부릴 때는 이렇게 말할 수 있다. "왜냐면 나는 널 사랑하니까. 그래서 다른 사람들한테도 네가 그렇게 보였으면 좋겠거든."

감정을 넣어서

아이가 정해진 규칙에 반발할 때는 이렇게 말할 수 있다.

"그래 알아. 널 사랑하는 사람들과 같이 사는 일이 때로는 힘들 거야. 안 그러니?"

화난 말투로

"난 내가 너를 그렇게 사랑하지 않았으면 좋겠어. 그럼 이런 문제를 훨씬 쉽게 해결할 수 있을 텐데. 하지만…(한숨을 쉰다) 널 사랑하고 있으니 어쩌겠니?(또 한번 한숨을 쉰다)"

유머 있게

"왜냐면 널 사랑하니까. 바로 그게 내 문제야. 나도 그걸 알고 있고, 또 노력도 하고 있어. 그래도 너무 어렵구나."

그리고 아이가 "엄마는 정말 우스운 방법으로 그걸 하라고 하네?"라고 되받아친다면 일단 거기에 동의를 한다. 그리고 나서 아이에게 도움을 구한다. "그래, 니 말이 맞아. 하지만 만약 너라면 이런 상황에서 어떻게 사랑을 표현할 수 있겠니?"

또 아이가 "그냥 날 내버려둬요"라고 하면 웃으면서 이렇게 말해본다. "아마 언젠가는 널 그렇게 사랑하지 않을지도 몰라. 그렇지만 지금은…(약간의 침묵을 두고)…노력하겠다고 약속할게."

자기를 사랑한다고 말하는 부모와 싸우는 건 분명 어려운 일이다.

반항한다는 것,
이제 다 자랐다는 증거

반항한다는 것은
더 이상 어린애가 아니라는 증거이다

마크는 열네 살로, 이제 막 사춘기에 접어들었다. 마크는 이런 불만을 갖고 있다.

"내가 C학점을 받았을 때 부모님은 왜 B학점을 받길 원하지 않고 항상 A학점만 받으라고 하는 거지?"

그러나 마크 부모의 생각은 다르다. 마크의 능력을 알고 있기에 A학점을 받았으면 좋겠다고 끊임없이 애기하는 것이다. 잔소리도 하다가 야단도 쳤다가 일장 연설을 늘어놓기도 한다. 이런 애기를 들을 때면 마크는 화가 난다.

이 세 가지(잔소리, 야단, 일장 연설)는 가족들의 기분을 상하게 해서 갈등을 더욱 부추긴다. 저녁 식사 시간은 마크의 성적 향상을 토론하는 불편한 자리가 되곤 한다. 그럴 때면 마크는 굳은 표정으로 화가 났다는 걸 표시한다. 그러다 평소 누리던 많은 것을 부모가 더 이상 안 해주겠다고 하면 자기 방에 혼자 틀어박힌다.

부모들 또한 마음이 상하지만 나름대로 애를 쓴다. 달래보기도 하고 야단을 쳐보기도 하고, 또 선생님을 찾아가보기도 한다. 하지만 모든 것은 일시적이다. 성적이 약간 오르는가 싶더니 마크는 다시 C학점으로 내려왔다.

부모의 기대가 지나치게 높으면
아이는 왜곡된 형태로 독립심을 표현한다

마크의 경우, 성적이 나쁜 이유는 아이의 기준과 기대가 부모와 달랐기 때문이다. 마크에겐 A학점을 받는 게 중요한 일이 아니다. 마크는 이제 자기 일은 자기가 알아서 판단하는 것이지 부모의 목표나 기대와 맞추는 게 아니라고 생각할 나이가 되었다. 마크는 자신의 독립심과 주체성을 공격적으로 표현하고 있을 따름이다.

"C학점 가지고는 대학에 갈 수가 없어"라고 부모가 꾸짖으면 마크는 "안 가도 상관없어요"라든가 "그건 제 문제예요"라고 말한다. 성적이 나쁘다고 야단을 치면 빈정대며 말한다. "성적이 오를 거라 생각하지 마세요." 이런 경우엔 성적이 올라 칭찬을 받아도 아이는 계속 부정적으로 반응한다.

열네 살 또래의 아이들이 흔히 그렇듯이, 마크는 부모의 지나친 기대가 부담스러운 것이다. 과도하게 기대를 거는 부모의 권리에 도전함으로써 아이들은 왜곡된 형태로 독립심을 표현한다. 마크에게 있어 그것은 성적일 뿐이다. 그 나이 또래의 다른 아이들은 친구나 옷, 헤어스타일, 음악 등으로 표현할 수 있다. 부모들은 기분 나쁘겠지만 마크는 그 나이의 발달 수준에 맞게 정상적으로 행동하고 있는 것이다.

사춘기란 자율성이 강해질 때다. 부모로선 아이의 독립심이 반항으로 비쳐질 수가 있다. 마크 자신도 성적이 오르길 바라지만 부모가 학교 성적을 너무 중요하게 생각하기 때문에 일부러 게으름을 부리는 것이다. 그는 부모에 대한 독립의 투쟁 무기로 평균 성적을 고집하고 있다.

부모가 중요하게 여기는 것일수록 아이들은 더 강력한 무기로 사용한다. 만약 부모가 학교 성적에 신경을 쓰지 않는다면 아이들은 또 다른 것으로 부모에게 반항할 것이다. 생활 방식, 종교, 운동, 취미 등등.

그렇다면 아이의 독립심과 발달 수준을 존중하면서도 부모가 원하는 걸 실현할 수 있는 방법이 없을까?

윈-윈 전략
기준과 벌칙을 정한 후 협상한다

부모들이 꼭 명심해야 할 게 있다. 부모에겐 최소한의 기준을 제시할 권리가 있으며, 아이들에겐 그 기준에 대해 협상할 권리가 있다는 사실이다. 그런데 마크의 경우에는 부모가 늘 최대치를 요구했기 때문에 서로 협상할 여지가 없다. 마크는 자신이 지금껏 C학점을 받아왔기 때문에 B학점을 받으면 부모가 만족해할 것이라고 생각했다. 하지만 부모는 전혀 그렇지 않았다.

이때 만약 부모가 "마크, 엄마 아빠는 너를 사랑하고 걱정하기 때문에 관심을 갖는 거야. 하지만 우리의 기대가 자꾸 어긋나니까 모두들 너무 힘들구나"라고 한다면 아이도 귀를 기울일 것이다.

또 "우리 모두 행복하게 지내려면 아무래도 너의 성적에 대해 절충을 해야 할 것 같은데, 네 생각엔 어떻게 하면 좋겠니?" 한다면 마크는 이렇게 말할 것이다. "부모님이 A학점만 요구하지 않는다면 B학점을 받도록 노력할게요."

하지만 마크가 이런 절충안을 내놓지 않는다면 이렇게 말해본다. "성적은 네가 알아서 할 일이니까 더 이상 잔소리하지 않으마. 하지만 우린 B학점 이상은 받았으면 좋겠어. 만약 B학점을 받지 못하면 다음 학기까지 방과후에 노는 시간을 줄이도록 해라."

이런 식으로 잔소리를 그만두고, 그 대신에 기준과 벌칙을 엄격하게 지켜나간다면 마크는 성적에 대한 책임이 부모에게 있는 것이 아니라 자기 자신에게 있다는 사실을 깨닫게 될 것이다. 그러나 부모는 기준과 벌칙을 확실하게 지켜야 한다.

나는 원칙을 강조하고 싶다. 부모가 기준을 정할 때는 되도록 최소한도로 잡는 것이 좋다. 특히 시작 단계에서는 기준을 너무 높게 잡아서는 안된다. 옛날에 나도 우리 큰아이에게 너무 높은 기준을 적용하고 완벽할 것을 요구했다. 결국 그 때문에 아이뿐만 아니라 가족 전체 분위기가 좋지 않았다. 이런 경험을 통해 그 다음엔 좀더 기준을 낮추게 되었고, 그로써 갈등과 싸움도 사라졌다.

아이와 어른의 기준은 서로 다르다.
서로 다름을 인정할 때 평화로워진다

완벽을 요구하면 모두가 힘겨워진다. 가정이 완벽한 규칙 속에서 돌아가길 원한다면 아이들은 무엇이든 완벽하게 해내야 하고 부모가 명령하는 대로 움직이게 될 것이다. 하지만 이런 생활은 결국 갈등을 불러온다.

아이들은 우리가 원하는 만큼 완벽하게 해낼 수 없다. 나이 어린 아이들이 셔츠 단추를 꼼꼼히 채우기란 어려운 일이며, 문법적으로 정확한 글을 쓰기도 어렵다.

아이와 어른의 기준은 서로 다르다. 아이에게 "방을 깨끗이 치우라고 했잖아"라고 야단쳤을 때 "난 깨끗이 치웠단 말야" 하는 대답을 들어본 적이 있을 것이다. 그렇다면 과연 깨끗이 청소한다는 건 어느 정도일까? 분명 부모와 아이의 생각은 서로 다를 것이다.

완벽주의를 추구하는 부모라면 이 말을 꼭 기억해둬야 할 필요가 있다. 아이에 대한 기대를 낮출 때 부모는 만족할 수 있다.

만약 우리가 방청소 문제로 계속 싸우고 싶지 않다면 아이와 의견을 절충해야 한다.

내 경우엔 우리 아들에게 최소한도의 기준(물론 이건 내가 생각하는 선에서)을 세워주었다.

"방바닥에 옷가지를 늘어놓으면 안 돼. 그리고 더러운 그릇이나 곰팡내 나는 음식을 그대로 두어서도 안 되구. 그것만 지켜준다면 다른 건 그냥 눈감아줄게. 가령 침대가 좀 어질러져 있거나 의자에 옷이 걸려 있어도 아무 말 하지 않겠다. 또 장난감이나 종이가 굴러다녀도 잔소리하지 않으마."

아들은 동의했고, 나는 우리의 협상을 지켜나갔다. 물론 눈에 거슬리는 게 있을 때마다 조용히 참아넘기는 일이 어렵긴 했지만, 그들의 방은 그들의 방이다. 아이들이 원한다면 지저분하게 놔둘 권리가 있다. 방이 너무 지저분해지거나 뭔가를 찾아야 할 때가 되면 누가 뭐라고 하지 않아도 청소하게 될 것이다.

여기서 잠깐 내 얘기를 해보자면, 사실 나는 사무실에선 집에서 하는 것처럼 그렇게 엄격하게 원칙을 적용하지 않는다. 왜냐하면 사무실은 내 것이고, 그것을 어떻게 하느냐는 바로 내 권한에 속하기 때문이다. 솔직히 고백하건대, 내 사무실은 지저분하다. 내 사무실에 와본 사람들은 파일 정리함과 책상 위, 그리고 컴퓨터 주위에 서류 더미가 쌓여 있는 걸 보고는 어지럽다고 한다. 하지만 난 물건들이 전부 어디쯤에 있는지 알고 있으며 원고와 편지, 서류 등을 정리하는 데 많은 시간을 들이고 싶진 않다. 또 편지나 자료가 필요할 때면 곧바로 그걸 찾아낼 수가 있다. 당연하게도, 다른 사람들은 그럴 필요가 없다.

만일 우리 가족들이 내 사무실에 와서 "어휴, 이것 좀 봐! 정말 지저분하군. 당장 이 서류 더미를 깨끗이 치우지 않으면 오늘밤 전화를 못 쓰게 할 거야!"라고 한다면 틀림없이 굉장히 화가 날 것이다.

아무리 나이가 어리더라도
얼마든지 협상할 능력이 있다

우리는 기준을 정할 때도 아이들과 의논해서 싸움을 줄일 필요가 있다. 아무리 나이가 어리더라도 얼마든지 협상할 능력이 있으니까.

부모들은 이렇게 물어볼 수 있다.

"어떤 장난감을 가질래?"

"꼭 갖고 싶은 게 있으면 두 가지만 말해볼래?"

"방과후에 꼭 보고 싶은 텔레비전 프로그램이 있으면 두 가지만 말해봐."

"방을 치울래, 아님 부엌이나 목욕탕을 치울래?"

"감자 껍질을 벗길래, 아니면 당근 껍질을 벗길래?"

"몇 시쯤 자고 싶니?" 등등

몇 시쯤에 자고 싶냐고 물어봤을 때 아이가 만약 "새벽 2시요"라고 말한다면 미소 띤 얼굴로 이렇게 말한다.

"넌 아직 어려. 아직 새벽 2시에 잘 나이는 아니지. 그러니까 이 엄마가 대신 정해줄게."

그런 다음 아이와 함께 협상을 해서 적당한 시간을 정하면 된다. 예를 들어 부모는 11시쯤 잠자리에 들라고 하고 아이는 12시까지 있고 싶어한다면 11시 30분이 절충안이 될 수 있다.

아이와 이런저런 일을 협상해가면서 부모는 저절로 깨닫게 될 것이다. 언젠가는 아이들이 집에서 독립해 나갈 것이며 일상 생활에서 부딪치는 일들 하나하나를 모두 결정하리라는 것을. 예를 들어 일어날 시간, 잠자리에 들 시간, 돈에 관해 예산을 세우는 것, 직업을 선택하는 것, 화가 날 때 행동하는 법, 빨래를 하지 않은 채 얼마나 지낼 것인가 등등. 그리고 언제 어떤 경우에 방청소를 할 것인가에 대해서 말이다.

독립심과 책임감을 키워주려면
가족회의를 자주 열어라

짐과 캐시 부부는 '평화와 연대를 위한 부모교육' 창시자인데, 이들은 가족회의의 필요성을 강조한다. 왜냐하면 가족회의는 함께 모여 토론하고 문제를 해결하는 방법을 연습시켜주기 때문이라고 한다. 그들은 아들 톰과 케이블 텔레비전을 설치할 것이냐 말 것이냐에 대해 의논했는데, 그때 톰은 '케이블 텔레비전을 집에 다 설치해야 하는 27가지 이유'를 들었단다.

"톰은 텔레비전과 생활 스타일, 가족 모임, 공평성에 관해 우리 가 지난 수년 간 가져왔던 모든 가치관에 반발했어요. 그 아이는 특별히 따로 돈을 마련하지 않아도 어떻게 케이블 텔레비전을 설치할 수 있는지 설명해주었죠. 우리가 극장에 가지 않고 대신 집에서 텔레비전으로 영화를 본다면 아이들 용돈도 절약할 수 있고, 부모들 용돈에서도 한 달에 8달러 정도 절약할 수 있다는 것이었어요.

또 일반 텔레비전보다 내용도 더 좋고(지금 세 아이가 좋아하는 일반 텔레비전 프로그램은 폭력적이지만 영화는 그렇지 않다), 그렇다고 해서 텔레비전 보는 시간이 더 늘어나진 않을 거라는 얘기였습니다(우리 집에선 텔레비전 시청 시간을 일주일에 7시 간으로 제한하고 있다). 톰은 우리에게 이런 식으로 27가지 이유 를 말하고는 우리를 바라보았어요.

우린 너무 놀라 아무 말도 못했죠! 하지만 아이와 합의를 보려고 애썼습니다. 아이는 하루 안에 결정을 내리라고 했지만 우린 이 미 6개월 전에는 안 된다고 말했기 때문이죠. 톰은 성실하게 서 로의 생각에 대해 정리했고, 그걸 절충해서 자기 의견을 제안했던 겁니다. 이번 일로, 우리 부부는 아이들의 의견과 가치관을 함께 생각할 수 있게 되었고 가족 간의 대화가 얼마나 소중한지도 깨닫게 되었답니다."

협상은 부모의 권한이 줄어든다는 것을 의미하지만, 그렇다고 해서 그것만이 전부는 아니다. 어릴 때는 부모들이 많은 것을 상관하지만 점차 아이가 자라남에 따라 그들 스스로 결정할 수 있게 해줘야 한다. 이 점을 인식하여 우리는 권한과 책임을 아이에게 양보하고 아이들이 커가면서 독립심과 책임감을 갖도록 해줘야 한다. 아이들에게 일상 생활의 여러 가지를 결정할 권리를 주면 많은 갈등이 사라질 것이다.

아이에게 선택권을 주면
효과적으로 싸움을 줄일 수 있다

음식 투정을 하는 아이들은 어떻게 다루면 좋을까?
한 엄마가 좋은 방법을 가르쳐주었다. 그녀는 아이들이 가장 싫어하는 음식 세 가지를 써보라고 했고 냉장고에 그 목록을 붙여놓았다. 그녀가 그 음식을 차려줬을 때, 아이는 맛보려고도 먹으려고도 하지 않았기에, 아이가 알아서 샌드위치를 만들어 먹도록 했다. 이것은 아이들에게 음식 투정을 할 권리를 주고 싸움을 줄이게 했다. 엄마는 단지 이렇게 말했을 뿐이다.

"왜 다음달 너의 리스트를 써 붙이지 않지?"

우리 작은아들도 시종일관 내가 만들어주는 모든 반찬을 싫다고
한 적이 있었다. 아이는 내가 화내는 걸 즐겼고 팔짱을 끼고는
"난 이게 싫어"라고 사납게 말하곤 했다. 결국 나는 이렇게 말할
수밖에 없었다.
"네가 다른 반찬은 싫어하고 삶은 달걀만 좋아한다는 걸 알고 있
단다. 그럼 우리 이렇게 하자. 지금부터 식사 시간이 되기 전에
부엌에 와서 엄마가 뭘 만드는지 지켜봐라. 그리고 그 반찬이 싫
다면 널 위해 따로 계란을 삶아둘 테니까 그걸 먹도록 해."
아들은 나의 제안을 받아들였고 삼 주 동안 계속해서 삶은 달걀
만 먹었다. 그런데 어느 날 저녁 아이는 예전엔 싫어하던 미트볼
을 먹는 것이었다. 그 모습을 본 큰아이가 믿기지 않는다는 듯
말했다.
"난 네가 미트볼을 못 먹을 거라고 생각했었어."
"난 이제 달걀이 싫어."
작은아이가 대답했다. 그때 이후로 아이는 아무 불평 없이 식사
를 했다.

부모가 선택을 할 수 있겠지만, 아이에게 선택권을 주면 효과적
으로 싸움을 줄일 수 있다. 부모가 품위를 지키면서도 권

리와 책임을 나눠주게 되면 우리는 서로 사랑할 수 있다. 의견 절충은 어려운 일이 아니다. 부모가 한 번 이것을 익히게 되면, 가족 관계를 부드럽게 하는 데 얼마나 효과적인지를 깨닫게 될 것이다.

현명한 부모라면
결과가 아니라 과정을 중요시한다

너무 어려운 것을 강요하거나 부모의 기대 수준이 너무 높으면 아이는 결코 잘 해낼 수가 없다. 또 가족들 사이에서 집안일을 분담할 수도 없다. 따라서 오히려 역효과를 초래한다.

흔히 우리는 아이들에게 집안일을 시켜놓고는 그 결과만을 갖고 야단친다. 부모들, 특히 엄마들은 다른 식구들이 집안일을 도와주지 않는다고 불평을 늘어놓는다. 하지만 남편과 아이들은 생각이 다르다.

"우리 엄마(또는 아내)는 우리가 해놓은 일에 대해 늘 불만이 많다구."

현명한 부모는 결과가 아니라 그 일에 쏟은 노력을 칭찬해준다. 결과가 만족스럽지 않더라도 집안일을 효과적으로 분담하기 위해선 기준을 낮춰야 한다.

아내에게 창고를 청소하라고 해놓고는 불평만 늘어놓는 남편의 예를 들어보자.

아내는 남편이 부탁한 대로 창고를 말끔하게 청소해놓았다. 그런데 남편이 떡 하니 나타나서는 이렇게 핀잔을 주는 것이었다. "이런이런, 엉뚱한 곳에다 망치를 놔뒀잖아. 그리고 쓰레기통 좀 비울 수 없어? 도대체 내가 몇 번이나 얘길 해야 되는 거야?" 이럴 때 아내의 기분은 과연 어떨까? 다음번에도 남편을 열심히 도와주고 싶을까?

우리는 보통 고전적인 가정의 모습에 집착하기 쉽다. 하지만 모든 것을 다 잘할 필요는 없다. 파리가 미끄러질 듯 깨끗한 계단, 조금도 흐트러짐 없이 잘 정리된 집 안, 보기 좋게 다듬어진 잔디밭, 먼지 한 점 없는 말끔한 창고… 과연 이런 것만이 좋은 가정, 훌륭한 가정의 모범이라 할 수 있을까?

간단히 말해, 우리 마음속에 들어 있는 완벽주의를 극복하고 기대 수준을 낮추게 되면 부모들은 훨씬 더 아이들과 잘 지낼 수 있다. 또 아이들도 가족과 같이 보내는 시간을 즐거워하고 행복해한다. 얼마나 더 깨끗이 치워야 할지, 성적은 어느 만큼 올려야 할지, 이웃이 어떻게 생각할지에 대해서는 절대 싸우지 말자. 각자 원하는 바를 의논하고 해야 할 일을 맡아하면서 즐겁게 지내야 한다.

앞서도 말한 바 있지만, 나는 경험 많은 부모들을 만나면 꼭 이렇게 물어보곤 한다.

"다시 한번 아이를 키우게 된다면 어떻게 하고 싶으세요?"

그 질문에 어떤 부모가 단호하게 대답했다.

"사소한 일에 집착하지 않을 거예요."

"사소한 일이란 어떤 건가요?"

"음식 투정, 방 안을 어질러놓는 것, 아이들의 옷차림, 운동 점수, 그리고 전과목 A학점을 받아오는 것 등등이죠."

부모 노릇이 미숙해서 완벽주의자가 되려고 씨름했던 한 사람으로서, 나는 그것이 가족들을 얼마나 불편하게 만드는지 잘 알고 있다. 물건은 잘못 놓여질 수 있고, 실수도 얼마든지 할 수 있으며, 부모가 신경을 곤두세우지 않아도 아이들은 낯선 외부 세계인 학교에 다니고 있다. 그리고 우리 집 울타리 안에서 살아가는 모습이 우리의 이웃들과 다르지 않다는 것을 알게 되었다.

한번은 부모교육 세미나에서 마흔 살쯤 되어 보이는 한 엄마가 말했다.

"우리 집은 좀 지저분한 편이에요. 여기저기 물건도 어지럽게 늘어놓구요. 제 친구네 집은 아주 깨끗하게 정돈되어 있죠. 하지만 더 즐겁게 지내는 건 바로 저예요."

우리들은 모두 고개를 끄덕였다.

가정,
천국인가 지옥인가?

같이 붙어 있기만 해도 싸우는 아이들,
과연 싸움의 끝은 없는 걸까?

탈버트 씨네 집은 늘 시끄럽다. 엄마랑 아이들이 싸우느라 그런 게 아니라 열여섯 살짜리 큰아이와 열세 살짜리 작은아이가 티격태격 다투고 싸우는 통에 집 안이 조용할 날이 없는 것이다. 둘은 서로 함께 있기만 해도 싸웠다. 두 아이가 방에 함께 있을 때면 항상 싸움이 시작되었고, 그렇게 한번 싸우기 시작하면 정신이 하나도 없었다. 나머지 식구들까지 신경이 곤두설 지경이었다.

그날도 저녁 식사를 한 후 두 아이가 싸우기 시작했는데 여느 날에 비해 분위기가 더 험악해졌다. 그걸 지켜보던 엄마는 더 이상 참고 있어선 안 되겠다는 생각이 들었다. 마침내 엄마는 아이들에게 단호한 목소리로 명령했다.

"애들아, 옷을 입고 밖으로 나가자."

아이들은 '엄마가 왜 저러지?' 하는 표정으로 바라보았다. 이건 결코 엄마와 해결할 문제가 아니었고, 또 자기들끼리도 전혀 화해될 일이 아니라고 생각했으므로 이렇게 말했다.

"엄마, 이건 도저히 화해할 수 있는 일이 아니에요."

그러나 엄마는 단호하게 말했다.

"너희들은 지금 다른 가족들까지 피곤하게 만들고 있어. 그래서 너희가 마음껏 싸울 수 있도록 밖에 나가서 얘기하려는 거야."

'쫓아내기 방법'을 이용하면
화내지 않고도 싸움을 끝낼 수 있다

세 사람은 숲속 오솔길을 따라 걸었다. 탈버트 부인은 두 아이 사이에서 빠른 걸음으로 걸어가며 말했다.

"너희들이 무슨 일로 싸우는지는 잘 모르겠지만, 여기서 싸움을 끝내도록 해."

그러면서 작은아이에게 확실하게 다져두었다.

"하고 싶은 말이 있으면 언니한테 다 말해. 절대 방해하지 않을 게. 그 다음엔 언니가 너한테 하고 싶은 말을 할 거야. 그런 식으로 다시 차분하게 얘기한 후에 얘기가 다 끝나면 나한테 와서 말해줘."

이것은 '쫓아내기 방법'이라고 하는데 아주 효과적이다. 전혀 화낼 필요가 없다.

곧이어 두 아이는 상대방이 잘난 척한다고 비난했고 열심히 머리를 굴려가며 상대방을 쩔쩔매게 하려고 애썼다. 큰아이는 작은아이가, 또 작은아이는 큰아이가 엄마랑 아빠한테 잘 보이려고 서로를 깎아내린다고 생각하고 있었다. 둘은 오래 전부터 계속 싸우고 헐뜯어왔다. 아마 그건 앞으로 더 심해질 것 같았다. 아이들은 서로의 옷 입는 방식, 먹는 것, 심지어는 말투까지 싫어했다. 두 아이의 싸움은 때로 너무 지나쳐서 따로 떼어놓는 것조차 힘이 들었다.

둘은 거의 한 시간 동안이나 격렬하게 싸워댔다. 그리고 나서 마침내 그들은 지쳐버렸고 싸움을 끝내고 싶어했다.

아이들이 왜 싸우는지를
스스로 생각해볼 수 있는 기회를 준다

그때 탈버트 부인이 조용히 말문을 열었다.

"자, 이젠 내가 말할 차례구나. 너희들 둘 다 하고 싶은 얘긴 다 했겠지? 만약 아직도 할 말이 남았으면 시간이 좀 흐른 뒤에 사이가 좋아졌을 때 다시 충분히 나누도록 해라. 내가 보기에, 너희들은 서로 많은 이야기를 나눠서 서로의 생각을 잘 알고 있어야 할 것 같구나. 오늘 이렇게 멀리까지 나온 이유도 바로 그거란다."

그리고 이렇게 덧붙였다.

"친구든, 부부든, 형제자매든 간에 서로 사이가 나빠지거나 애정이 식어버리면 주로 어떤 걸 갖고 싸우는지 아니? 대개 본질적인 문제를 갖고 싸우는 게 아니라 말꼬리를 잡고 늘어지든가, 아니면 상대방을 몰아세우든가 침묵으로 일관하게 되지."

아이들은 엄마가 지금 무슨 얘기를 하고 있는 건가 의아해하며 쳐다보았다.

탈버트 부인은 계속 말을 이어갔다.

"그러니까 싸울 때는 정확히 무엇 때문에 싸우는지 한번쯤 꼭 생각해봐야 해. 그리고 가능하다면 중립을 지키는 제3자와 함께 싸움의 원인에 관해 얘기를 해보는 게 좋지."

마지막으로 그녀는 말했다.

"너희들이 동생이나 언니에 대해서, 또 다른 가족에 대해서 갖고 있는 불평불만을 다른 사람이 해결해줄 수는 없단다. 그건 전적으로 너희들에게 달려 있지. 물론 앞으로 너희들이 서로를 좋아할 수도 있고, 반대로 그렇지 않을 수도 있어. 그때 그 결정은 오로지 너희들 각자에게 달려 있다는 뜻이야.

하지만 너희들의 싸움 때문에 다른 식구들이 피해를 본다거나 집안 분위기까지 엉망이 돼서는 안 돼. 그렇다고 너희들 기분을 바꾸라는 소린 아냐. 다만 집 안에서만큼은 절대 시끄럽게 싸우지 말라는 거야.

그래서 엄마가 제안하는 건데, 한번 이렇게 해보면 어떻겠니? 너희들 중 한 사람은 방에 있고 다른 한 사람은 다른 식구들과 같이 있는 시간표를 정해보자. 식구들하고 같이 있는 자리에서 정할까, 아님 너희 둘이서 정해볼래?"

그렇게 하는 게 별로 달갑지는 않았겠지만 아이들은 스스로 해결할 수 있다고 말했고, 그 후로는 약속한 대로 실천해나갔다. 그러자 점차 싸움이 줄어들었고 집안 분위기는 다시 좋아졌다.

아이들 싸움이라고 해서 그냥 내버려두기만 하면
갈등의 골이 더 깊어질 수 있다

아이들 행동이 집안 분위기까지 망가뜨린다면 부모는 단호하게 대처해야 할 책임이 있다. 그런데 흔히 부모들은 이런 책임에 대해 가볍게 생각하고 아이들끼리 알아서 해결하길 바란다. 아니면 아이들의 싸움이 너무 커진다 싶으면 그때서야 겨우 해결에 나선다. 하지만 단계가 심각해질 때까지 아무런 조치를 취하지 않으면 갈등의 골은 급격히 깊어지고 만다.

최근 들어 경영자들은 근무 환경에 많은 관심을 기울이고 있다. 왜냐하면 근로자의 생활 환경에서 오는 스트레스와 생산성이 밀접하게 연결된다는 것을 알기 때문이다. 근로 환경이 긍정적이어야 생산성이 높아진다. 환경이 만족스럽지 못하면 자연히 생산성도 낮아지게 된다. 만족스럽지 못한 분위기나 환경에서는 화도 자주 나게 마련이고 쉽게 피곤해지며, 서로서로 협동하는 대신 신경을 곤두세우고 경쟁한다.

가정에서도 이와 마찬가지다. 사실 우리는 가족 간의 관계에 대해서는 매우 중요하게 생각해왔으면서도, 가족들에게 커다란 영향을 미치는 가정 분위기에 대해선 거의 관심을 두지 않았다. 긴장되거나 혼란스런 분위기에서 친밀하고 편안한 관계를 갖는다는 것은 매우 어려운 일이다.

집집마다 나름대로 독특한 분위기를 갖고 있다. 여기서 말하는 분위기란 집의 크기나 화려한 가구, 깨끗한 정도, 경제 수준을 말하는 것이 아니라 평화나 불화와 같은 분위기를 말한다. 어떤 집이든 그 집을 들어서는 순간 우리는 금방 분위기를 읽어낼 수 있다. 어떤 집은 안락하고 따뜻한 분위기가 감도는가 하면 또 어떤 집은 긴장과 혼란스런 분위기 때문에 가능하면 빨리 일어나고 싶은 집도 있다.

많은 사람들이 가정에서 도망쳐 나와
다른 곳에서 안식을 구하려 한다

안타까운 일이지만, 오늘날 많은 사람들은 집에서 도망나와 직장에서 안식을 구하려고 한다. 많은 이들에게 가정은 긴장과 갈등이 쌓이는 곳으로, 반대로 직장은 평화와 질서와 안식을 주는 곳으로 받아들여지는 까닭이다. 대다수가 가정을 천국으로 생각하는 것이 아니라 혼란과 명령, 스트레스로 뒤엉킨 전쟁터라고 생각한다. 그들은 천국을 원하지만 가정이 그 요구를 충족시키지 못하므로 또다른 곳에서 천국을 찾게 되는 것이다.

한 엄마가 거리낌없이 말했던 적이 있다.

"전 마음의 평화를 얻기 위해 일하러 갈 필요가 있어요. 제가 집에 있을 때는 끊임없이 거칠어지고 명령하고 싸우게 되거든요. 하지만 사무실은 집과 비교해보면 그야말로 천국이라고 할 수 있죠."

그녀의 말을 들었을 때 나는 너무나 슬펐다. 가정은 도망쳐 나와야 할 곳이 아니라 안식처가 되어야 한다. 그래서 내가 그녀에게 물어보았다.

"집과 사무실의 가장 큰 차이점은 뭐라고 생각하시나요?"

그녀의 대답은 이랬다.

"사무실에선 모든 사람들이 원칙을 세우고 자신이 해야 할 일을 스스로 하죠. 물론 다른 사람을 존중하구요. 그래서 우린 함께 웃을 수 있고, 일이 밀릴 때는 서로 도우며 생활한답니다. 이건 집에서와는 아주 다른 점이죠. 아무도 원칙에 대해 문제삼거나 책임을 회피하지 않아요. 정말 큰 위안이 되죠. 이렇게 얘기하면 우리가 서로 좋아하는 거 아니냐고 생각하실지도 모르겠지만, 그렇다고 해서 우리가 함께 살고 싶어하는 건 아니에요."

통계 자료에 따르면, 이 엄마와 비슷한 생각을 가진 사람들이 굉장히 많다고 한다. 가정을 변화시키려고 노력하기보다 가정이 아닌 다른 곳에서 위안을 얻고자 하는 것이다. 예를 들어 직장이나 교회, 스포츠센터, 쇼핑몰, 레스토랑, 술집, 그리고 다른 관계를 통해서.

이 책의 많은 부분은 아이의 행동과 부모의 반응에 초점을 맞추고 있다. 하지만 이번 장과 다음 장에서는 행복하고 건강한 가정을 만드는 데 꼭 필요한 행동 지침에 대해 살펴보려고 한다.

집안 분위기가 어수선하면 실수가 많아지게 마련이고, 또 부모들은 그것을 해결하느라 힘들 수밖에 없다. 그러나 부모들이 집안 분위기를 좋게 만들어주는 방법을 터득하고 그것을 실천한다면 틀림없이 갈등도 사라지고 가정도 평화로워질 수 있다.

집안 분위기를 결정하는 가장 중요한 요소는 삶에 대한 부모의 태도이다

어떤 가정이든 하나의 분위기에 의해 움직인다. 물론 특별한 일이 생기거나 스트레스를 받게 되면 일시적으로 변하기도 한다. 하지만 거의 대부분은 각 가정마다 기본적인 분위기가 있게 마련이다. 예를 들어 낙관주의와 비관주의, 소란스러움과 말없음, 갈등과 조화, 혼란과 질서 사이에서 각 가정 나름대로 분위기를 일관되게 유지하는 것이다.

어떤 가정은 갈등과 좌절을 겪는 와중에도 명랑한 분위기로 생활하는 반면, 어떤 가정은 모든 일이 잘 되어가는데도 늘 비관적인 분위기로 생활하기도 한다. 집안 분위기를 결정하는 가장 중요한 요소는 삶에 대한 부모의 태도이다.

밝은 분위기를 유지하는 가정엔 뭔가 특별한 이유가 있다?

부모가 사람들에 대해, 그리고 일이나 세상에 대해 희망적이고 적극적으로 대응하면 아이들 또한 매일매일 생활해나가는 동안 이런 태도를 알게모르게 저절로 받아들이고 모델로 삼는다. 좌절과 갈등이 찾아와도 그걸 평범한 일로 받아들이고 얼마든지 극복할 수 있다고 생각한다. 또한 자기 자신이나 다른 사람들의 실패를 가볍게 여기며 실패 속에서도 긍정적인 태도를 유지한다.

대화 역시 늘 좋은 쪽으로 흘러간다. "오늘은 어떤 좋은 일이 생길까?" "오늘은 뭘 할까?" "일을 해나가는 동안 서로 어떻게 도와줄 수 있을까?" 상대방에게 질문을 던질 때도 "오늘 좋았니?"라고 묻거나 "오늘 경기(또는 시험이나 발표)는 어땠니?"라고 진심으로 물어본다. 음식이 남아도 나중에 뷔페를 하면 되겠다고 말할 줄 알고, 날씨가 나빠 소풍이 취소되어도 기분 나빠하지 않는다. 소풍을 가지 못하게 되면 그 대신 카드놀이를 하거나 깜깜한 방에서 귀신 얘기를 한다. 물론 이런 가정에도 갈등이 생기지만 원만하게 해결되며 같은 일이 되풀이되지 않는다.

부모들은 친척이나 직장 동료, 이웃들에 관해 그들의 단점보다는 장점을 더 많이 얘기한다. 나쁜 소식이 들리면 이렇게 말하곤 한다. "근데 이런 소식이 전부 나쁘다고만은 할 수 없어. 그 좋은 점이란 뭐냐 하면…"

똑같은 상황이라도 부모의 태도에 따라
새로운 환경에 적응하는 능력이 달라진다

적극적인 태도로 살아가는 가정은 어려운 일에 부딪쳐도 긍정적으로 생각할 줄 안다. 부모들은 힘든 상황을 맞아 걱정스러울 때도 아이들에게 두려움을 말하지 않는다. 그 대신 아이들에게 '새로운 곳으로 캠프 여행을 떠나는 것'이라고 설명하며, 현실이 아무리 막막하고 두려울지라도 결코 현실을 탓하지 않는다. 오히려 "얘들아, 아주 반가운 소식이 있단다. 이제부터 우린 새로운 곳으로 여행을 가게 될 거야. 정말 멋지지 않니! 앞으로 우린 거친 바람과 모래산을 만나게 될지도 몰라. 진짜 굉장하지!" 그리고는 지도책과 여행 안내서를 펴들고 아이들에게 새로운 삶을 가르치기 시작할 것이다. 똑같은 상황이라도 부모가 어떤 태도를 갖고 있느냐에 따라 아이들은 새로운 환경에 적응하는 능력이 달라진다.

적극적인 태도는 집안 분위기를 밝게 만들어준다. 어렵고 힘든 상황을 겪게 되더라도 부모와 아이 모두 이 세상을 즐거운 장소라고 여긴다. 뿐만 아니라 공포와 절망에 빠지지 않고 희망과 확신을 갖고 생활하며 앞으로 닥칠 역경을 즐거운 마음으로 헤쳐나간다.

분위기가 어두운 가정 역시
뭔가 특별한 이유가 있다?

긍정적으로 생활하는 가정과 그 반대의 가정은 어떤 점에서 가장 크게 차이가 나는 걸까? 바로 일상적인 분위기 자체가 매우 부정적이다!

모든 걸 비관적으로 생각하는 가정은 문제를 풀기보다 야단부터 치고, 대화를 하기보다 불평부터 하며, 협상을 하기보다 화를 내는 데 더 초점을 맞춘다. 학교와 직장, 친구들과 이웃 사람들, 그리고 세상에 대해서도 잘못된 것들을 중심으로 얘기한다. 대개 이런 식의 대화가 오간다.

"6번가에서 총격 사고가 있었던 거 아니?"

"정치가들은 전부 썩었어."

"거긴 정말 엉망이야."

"아무도 믿지 말아라."

"선생들은 월급을 너무 많이 받는군."

부정적인 대화가 계속되면 사람들은 깨닫지 못하는 사이 힘이 빠져버린다. 때문에 일상이 늘 우울해지는 것이다. 지난 60년대 미국은 월남전과 인종 폭동 등으로 침체의 늪에 빠졌는데, 그 당시 심리학자 부르노 베틀레임은 학교와 사회에 적응하지 못하는 아이들에 관해 이렇게 설명했다.

"우리 부모들은 현 체제 안에서 미래를 열어보라고 아이들을 학교에 보내놓고서는, 오히려 현 체제가 나쁘다고 아이들에게 말하고 있다. 그로 인해 아이들은 학교를 그만두고 인생의 낙오자가 되고 있다. 누가 이런 이중 잣대를 만들고 있는 것인가?"

다행히도 부정적인 태도는 타고나는 것이 아니라 후천적이기 때문에 얼마든지 고칠 수 있다

부정적인 사고는 정신을 파괴한다. 어떤 여성이 비관주의자인 남편 때문에 온 가족이 얼마나 나쁜 영향을 받았는지 얘기해준 적이 있다.

"어느 날 아침이었어요. 창 너머로 눈 내리는 걸 바라보다가 이웃집 사람이 우리 집 앞에 쌓인 눈까지 치워주는 걸 우연히 발견했지요. 그래서 남편과 아이를 불러서는 '저기 좀 봐요. 톰이 우리 집까지 쓸어주고 있네요. 정말 착한 사람이에요'라고 말했어요. 그랬더니 남편이 '흥, 분명히 뭔가 꿍꿍이가 있을 거야. 척 보면 안다구' 하는 게 아니겠어요?"

다행스럽게도 부정적인 태도는 타고나는 것이 아니라 후천적이기 때문에 얼마든지 고칠 수 있다. 갓 태어난 아기 때부터 부정적인 사람은 없다. 비관적인 분위기에서 성장할 때 그런 태도를 갖게 되는 것이다. 우리는 주위 분위기에 쉽게 동화되긴 하지만, 어찌 보면 그런 분위기를 받아들일지 거절할지는 우리가 선택할 수 있는 것이기도 하다. 기분 나쁜 대화는 좋은 쪽으로 바꿀 수 있고, 그 자리를 떠날 수도 있다. 뉴스 내용이 너무 폭력적이면 채널을 돌려버릴 수 있고, 불쾌한 모임이라면 아예 거절하거나 입을 다물고 대화를 멈춰버릴 수도 있다.

만약 집안 분위기가 어둡다고 생각된다면 우선 자신의 부정적인 면부터 살펴보고 그것을 하나씩 고쳐나가자. 아마 이렇게 하면 도움이 될 것이다. 가령 "오늘은 기분이 좋질 않구나. 뭔가 좋은 일이 있었던 사람 있으면 얘기해줄래?"라든가 "그 뉴스 좀 꺼다오. 그걸 보고 있으려니 영 기분이 좋지 않은걸."

변화의 열쇠는 부모가 쥐고 있다.
따라서 부모가 변해야 아이도 변한다

꾸준히 노력해서 우울한 분위기를 없애나갈 때 우리는 가정에서 위안을 얻을 수 있으며 늘 화목하게 지낼 수 있다. 아이들은 뭔지 잘 모르지만 이런 분위기에 자연스럽게 따라오게 되어 있다. 부모가 밝고 긍정적인 태도와 사고를 가진다면 아이 또한 밝고 긍정적으로 생활하며, 반대로 부모가 불평불만에 젖어 있다면 아이 역시 떼를 쓰고 투정을 부리고 서로 다투게 된다. 따라서 부모들은 생활해나가면서 부정적인 사고와 행동을 줄이도록 노력해야 한다. 그리고 부정적인 사고와 행동을 만들어내는 원인을 찾아내 해결해야 한다.

이 점은 형제간의 싸움에 관해 얘기할 때 이미 언급한 적이 있을 것이다. 처음에 부모는 십대에 접어든 두 아이의 싸움을 해결하느라 힘을 많이 쏟았지만, 그럼에도 아무것도 변하지 않았다. 그러다 부모가 두 아이 때문에 집안 분위기가 얼마나 엉망이 되는지를 깨닫고 신경을 쓰기 시작했을 때에야 비로소 변화하기 시작했다. 그때 엄마는 두 아이를 가족들로부터 완전히 떼어놓았는데, 그건 아이들이 다른 식구들 기분까지 망쳐놓았기 때문이다. 두 아이가 즐거운 집안 분위기를 순식간에 어둡게 만들었던 것이다.

탈버트 씨 부부는 문제를 발견하고는 의문을 가졌다.

'지금 여기서 무슨 일이 일어나고 있는 거야? 두 아이의 싸움에 왜 우리까지 기분이 나빠져야 하는 걸까? 뭔가 싸움을 말릴 방법을 생각해봐야겠는걸. 아이들이 집안 분위기를 망치고 우릴 불행하게 만든다면 가족이 될 수 없다는 사실을 깨닫게 해줘야 돼.'

부모가 단호하게 대처하자 두 아이는 자기들이 집안 분위기를 망쳐서는 안 된다는 걸 이해하기 시작했고, 그로써 행동을 바꾸게 되었다. 그리고 부모는 오랫동안 골칫거리였던 아이들 싸움을 그만두게 할 수 있었다. 탈버트 부인은 말했다.

"아이들도 싸우면서 지내는 걸 좋아하지 않기 때문에 부모들이 단호하게 나서면 해결되리라 믿었어요. 좀더 정확히 말하자면, 아이들은 어떻게 싸움을 끝내야 할지 잘 몰랐던 거예요."

밝은 분위기는 작고 사소한 것에 좌우된다.
그걸 아는 순간 우리는 행복해진다

집안 분위기를 밝고 긍정적으로 만들고 싶다면 작고 사소한 것에 세심하게 신경쓸 줄 알아야 한다. 소설가들은 작품 분위기를 우울하게 만들고 싶을 때는 쓸쓸함, 어두움, 습기, 무채색, 딱딱함, 차가움 등을 자주 등장시킨다. 반대로 행복한 장면을 만들 때는 꽃이나 신선한 공기, 화려한 색채, 벽난로, 웃음, 따뜻함 등을 작품 속에 표현한다.

과연 아무도 없는 집을 포근하게 만드는 것은 무엇일까? 그건 굉장한 사건이 아니다. 냉장고에 붙어 있는 아이들 그림이나 잘 가꾼 나무와 꽃, 다정하게 찍은 가족 사진, 그리고 기념물 등이다. 이런 것들은 비록 화려하진 않지만 집 안 전체에 생기를 불어넣어준다. 지하실이나 군대 막사 같은 임시 거처에선 결코 볼 수 없는 이런 것들이 우리의 일상에 아늑함과 행복을 가져다준다.

우리는 바쁘게 돌아가는 일상에 치여 우리의 영혼을 살찌우는 작고 사소한 것들을 소홀히 여긴다. 사실 나무와 꽃을 가꾸는 일이 말처럼 쉽지만은 않다. 꽃이 시들면 오래 된 흙을 버리고 부드러운 흙으로 갈아줘야 하고, 시간을 봐가면서 창문을 열고 닫아줘야 한다. 아마 대부분의 사람들은 신선한 빵을 주문하는 일이 중요했던 시대로 돌아가고 싶진 않을 것이다.

하지만 새로운 시각으로 집 안을 둘러보고 스스로에게 물어볼 필요가 있다. 과연 우리 집은 따뜻하고 즐거운가? 밝고 생기가 있는가, 아니면 그렇지 못한가? 현관에 들어섰을 때 기분이 좋은가? 혹시 어둡지는 않은가? 우울한 분위기에 싸여 있는 건 아닌가? 딱딱하고 긴장되어 있는 건 아닌가? 음악은 귀에 거슬리는가, 부드러운가? 차가운 분위기인가, 따뜻한 분위기인가?

건강한 가족은 집 안 분위기를
아늑하고 생기 있게 꾸밀 줄 안다

언젠가 어떤 환경엔지니어가 이렇게 말하는 걸 들었다.

"제가 회사들을 돌아다닐 때마다 처음으로 보는 게 뭔 줄 아세요? 바로 그 회사의 전체적인 색감이랍니다."

그의 관찰은 매우 흥미로웠다.

"벽과 카펫, 사무집기에 색깔이 있는 회사일수록 근로자들은 더욱 활기차게 일하고 더 생기 있게 표현하는 경향이 있죠. 모든 것이 밋밋한 색깔로 되어 있는 사무실에선 사람들도 무난한 색깔의 옷만 입는 것 같아요. 또 활기가 없어 보이죠."

너무 극단적인 얘기로 들릴지 모르겠지만, 이건 정말 맞는 소리다. 사소한 것이 큰 변화를 가져올 수 있다. 이는 집에서도 마찬가지다. 그러므로 예쁜 매트를 장롱 속에 넣어둔 채 사용하지 않는다면, 지금 당장 장롱을 뒤져 매트를 꺼내자. 그리고 거

135

실 바닥에 깔아본다거나 집 안을 장식하자. 건강한 가족은 아늑한 분위기를 만들어낼 줄 안다.

1960년에 나는 유럽의 시장에 들른 적이 있다. 그때 시장바구니를 든 주부들이 이 가게 저 가게를 돌아다니며 야채를 살펴보고 값을 흥정하는 모습을 보았다. 빠듯한 생활비로 알뜰하게 쇼핑을 하고 있었다.

그런데 그들은 거의가 맨 마지막으로 꽃가게에 가더니 신선한 꽃을 한 다발씩 사는 것이었다. 내겐 너무나 흥미로운 장면이었다. 꽃은 우리 미국 주부들에겐 사치품이지만(하지만 유럽에서 만났던 주부들보다는 우리가 잘산다), 그들에겐 감자나 양배추보다 꽃이 더 중요했던 것이다. 그 모습을 보고 난 이후 나는 고기나 야채보다 집 안을 더 생기 있게 만드는 그 무엇이 있음을 알게 되었다.

질서, 규칙, 벌칙은 건강한 가정을 위한 필수 요건이다

"그 집은 항상 질서가 잡혀 있어요."

이 말은 정말이지 명예로운 말이며, 칭찬받아 마땅한 얘기다. 그럼에도 질서는 흔히 오해받고 있다. 왜냐하면 어떤 이에겐 체계적이고 편리한 것이지만 다른 사람들에겐 단지 통제로만 보이기 때문이다.

136

질서란 다시 말해 가족들 사이의 체계이다. 규칙은 가족들 사이를 체계적으로 만들어주는 중요한 요소이며 직장이나 군대, 가족, 개인들 간의 관계를 원활하게 해준다. 규칙이 없을 때 우린 혼란스러워진다. 물론 잠자리에서 일어나고, 먹고, 놀고, 일하고, 공부하고, 쉬는 데 특별히 시간이 정해져 있는 건 아니다. 그리고 몇 가지 규칙이 주어지긴 하지만 그것이 강요되는 것도 아니다.

질서가 없으면 부모들은 아이가 어디에 있는지, 언제 집에 들어올지 예측할 수가 없다. 또 아이들 역시 부모가 어디에 있는지, 언제 집에 들어올지 확신할 수가 없다. 때로 아이들은 부모에게 말하지 않고 집 밖에서 돌아다닌다. 이건 어떤 엄마가 해준 얘기다.

"동생네 집에 갔을 때예요. 제가 목욕탕에 있는데 갑자기 어떤 아이가 들어오더니 저한테 물을 뿌리는 게 아니겠어요? 너무 깜짝 놀라서 동생한테 물어봤죠. '도대체 쟤는 누구니?' 그러니까 동생이 말하길 '글쎄? 나도 잘 모르겠는걸. 아마 이웃집 아이일 거야.' 라는 거예요."

질서 없는 가정은 뭔가를 찾느라 많은 시간을 낭비한다. 아이들 옷가지, 운동용품이 있었다 없어졌다 한다. 심지어 자동차조차 그렇다. 그 누구도 이런 일이 얼마나 오랫동안 되풀이되고 있는지 깨닫지 못한다. 계획표는 있으나마나다. 발등에 불이 떨어져

야 허둥지둥 준비물을 챙기고 과제물을 얘기해서 엄마를 당황하
게 만든다.

질서와 규칙이 없는 아이들은
생활이 혼란스러워진다

사회사업가들은 산만한 가정의 전형적인 모습을 이렇게 설명
하고 있다.

"예를 들어 당신이 산만한 가정에 방문해서 그 집 부모와 부엌에
서 얘기한다고 가정해볼까요? 그런 집의 부모들은 거의 아이들
에게 주의를 기울이지 않아요. 그래서 아이가 부엌에 들어와서
냉장고나 찬장을 열고 먹고 싶은 것을 꺼내거나 우유를 쏟거나
의자를 두드려대도 전혀 아무 말도 하지 않는답니다. 그냥 내버
려두는 거죠."

우리 아들은 열 살 또래의 아이들이 모여 있는 보호소에서 1년
동안 상담원 일을 했다. 아들이 말하길, 그곳에 사는 십대 아이
들 열두 명에겐 몇 가지 규칙이 정해져 있다고 한다. 가령 아침
을 먹기 전에 침대 정리를 하면 1점, 미루지 않고 꼬박꼬박 샤워
를 하면 2점, 수업 전에 숙제를 해놓으면 3점을 준다는 것이다.
그리고 매일 저녁 식사를 마치면 점수가 발표되고, 그들이 얻은
점수에 따라 전화 통화, 텔레비전 보기, 바깥 운동하기 등을 할

수 있도록 해놓았다.

그 얘기를 듣고는 깜짝 놀라 말했다.

"아이들한테 너무 심한 거 아니니? 겨우 열 살밖에 안 된 아이들이잖아."

그러자 아들이 대답했다.

"엄만 이해하기 힘들 거예요. 그곳에 있는 아이들은 대부분 생활에서의 체계를 익힌 적이 없어요. 규칙을 지키며 살아본 적도 없구요. 우린 그 아이들이 꼬맹이들처럼 체계를 익힐 수 있도록 가르쳐줘야 해요. 지금껏 한 번도 지켜보지 않았던 규칙들을 몸에 익혀가면서 잘못된 버릇들을 고치게 되는 거죠. 하지만 집으로 돌아가면 무질서한 상태가 되풀이되면서 다시 엉망이 되죠."

말썽꾸러기 십대가 있어서 스트레스를 많이 받는 가정이라고 해도 좀전에 보았던 청소년 보호센터처럼 점수로 평가하는 시스템을 사용하라고 권하고 싶진 않다. 이런 방법은 안 된다! 그렇게 하다보면 우린 부모 노릇을 하기보다 점수표를 정리하는 데 더 많은 시간을 허비할 것이다. 대신 간단한 규칙을 사용하는 게 좋다. 그것이 부모나 아이들의 행동과 정서에 얼마나 도움이 되는지 구체적인 사례를 통해 얘기하고자 한다.

리더십과 질서를 존중하지 않으면
해고라는 벌칙을 적용한다

모든 건강한 제도에는 규칙이 있다. 새로운 학교에 들어가거나 새로운 일을 시작했을 때 한동안 스트레스를 받는 이유는 아직 새로운 환경에 익숙해지지 않아서이다. 어떤 친구가 우리보고 "새로운 곳에 잘 적응하고 있냐?"고 물으면 우리는 이렇게 답할 것이다. "예전에 내가 알고 있었던 방식은…"이라든가 "나 나름대로 방법을 찾아가고 있어"라고. 간단히 말하자면 새로운 곳의 질서를 배워가는 중이라는 얘기다.

이번엔 규칙이 없는 직장을 한번 상상해보자.
사장은 매일 책상에서 벌떡벌떡 일어나 소리칠 것이다. "일을 시작할 시간이야!" "잡담은 그만해!" 그러고 나면 몇 시간은 근로자들을 감시해야 한다. "사적인 전화를 너무 많이 하는군." "책상에서 다리를 내려놓도록 해. 손님들 보기 흉하잖아." "컴퓨터를 사용할 땐 십 분마다 자료를 저장해두라고 수천 번 얘기했잖아." 이런 일이 계속되면 직원들도 눈을 부라리고 대들 것이다. "도대체 뭘 잘못했다는 거예요?"
이렇게 되면 사장은 더욱 피곤해진다. 휴식 시간도 사장이 알려줘야 하고, 휴식 시간이 끝나면 직원들을 다시 일터로 몰아가야 한다. 사장이 자리를 비우기라도 하면 모든 직원들에게 일일이 어떤 일을 해야 하는지 말해줘야 한다. 그렇지 않으면 직원들은 일손을 멈추고 빈둥거릴 것이다. 결국 오후 일이 남았음에도 사장은 정오 무렵이 되면 기진맥진해버린다.

과연 이러한 경영자가 업무 면에서나 감정 면에서 얼마나 오래 버틸 수 있을까? 아마도 일주일 안에 새로운 사장으로 교체될 것이다. 물론 새로 부임한 사장은 규칙을 설명하고 이에 따를 것을 요구할 것이다. 만약 규칙을 거부하는 직원이 있다면 파면해버림으로써 직원들에게 신망을 얻게 될 것이다. 해고는 바로 리더십과 질서를 존중하지 않은 데 대한 벌칙인 셈이다.

가족 간의 규칙이 얼마나 소중하며 강력한지를 아이들에게 알려줘야 한다

이 얘기에 한 엄마가 되물었다.
"그렇지만 아이들을 어떻게 해고시키겠어요?"
아이들에겐 용돈을 줄이거나 그들이 평소 누리던 권리를 없애버리면 된다. 탈버트 씨네는 두 아이가 서로 잘 지낼 수 있을 때까지 따로 떼어놓았다. 그것이 아이들에게 내린 벌칙이었다.
우리는 아이들에게 가족 간의 규칙이 얼마나 소중하며 강력한지를 알려줘야 한다. 그리고 아이들이 평소 누리던 특권을 없애버리거나 부모가 아무것도 해주지 않는다는 걸 깨닫게 해줘야 한다.

부모가 규칙과 벌칙을 효율적으로 적용하지 못하면 아이들과 쓸데없는 싸움을 벌이느라 기력을 소진하고 만다. 작고 사소한 규칙들이 삶을 편안하게 해준다. 이는 지극히 단순한 진리이다.

식사 후에 자기가 먹은 그릇을 싱크대에 갖다놓는 게 그 집의 규칙이라면 그걸 지키지 않았을 때 자동적으로 벌칙이 주어져야 한다. 쓸데없이 화를 내면서 힘을 뺄 필요가 없다. 이를테면 다음과 같은 식으로 말이다.

"텔레비전 보기 전에 이리 와서 식탁을 깨끗이 치워라."

"했어요."

"그런데 아직도 그릇들이 있잖아."

"그건 내 그릇이 아니란 말예요."

"그건 알아."

"내가 먹은 그릇도 아닌데 왜 내가 치워야 해요?" 등등.

집안 분위기를 편안하게 하려면
되도록 간단한 규칙을 제시한다

가족 간의 규칙은 자칫 너무 많거나 엄격해질 수 있다. 지켜야 할 규칙과 금지 사항이 너무 많아지고, 또 그걸 지키지 않으면 과도할 정도로 엄하게 다스린다는 말이다.

집안 분위기를 편안하게 하려면 규칙은 되도록 최소화해야 한다.

"빨랫감은 꼭 바구니에 갖다 넣어라."

"숙제를 다 끝낸 다음에 텔레비전을 보아라."

"늦게 들어올 것 같으면 전화를 하거라."

"내일 학교에 가져갈 준비물은 저녁에 미리 챙겨두어라."

"친구를 저녁에 초대하거나 밤새 같이 있겠다면 그 전에 허락을 받도록 해라."

규칙은 집집마다 다르지만 한 가지 분명한 점이 있다. 건강한 가정에는 규칙이 정해져 있으며, 이를 잘 지켜나간다는 것이다. 규칙은 분명하고 확실해야 한다. 이랬다저랬다 해서는 안 된다.

만일 아이가 양말짝이 서로 맞지 않는다고 징징거린다면 화를 내는 대신에 아이를 위로하듯 부드럽게 말한다.

"세탁바구니에 양말을 갖다놓는 걸 잊어버렸구나? 근데 어떡하지, 오늘 아침에 벌써 세탁기를 돌려버렸는데."

이로써 그들은 더 이상 잔소리를 늘어놓을 필요가 없다. 규칙이 모든 걸 설명해주고 있다.

아이가 저녁을 먹은 후 평소보다 일찍 텔레비전을 보겠다고 하면 "물론 볼 수 있지. 단, 네가 숙제를 다 끝낸다면 말이야"라고 얘기해준다. 그래도 아이가 계속 고집을 피운다면 그냥 웃어넘긴다.

아이와 다투는 것은 괜한 힘 낭비일 뿐이다. 규칙이 있으면 아이와 싸우지 않아도 된다.

질서는 일상 생활 속에서 규칙적으로
매일매일 되풀이되는 습관이다

체계적으로 잘 잡혀진 질서는 모두를 편안하게 해준다. 질서라고 하면 구닥다리라고 생각할지 모르지만 가정의 질서는 동서고금을 막론하고 꼭 필요한 것이다. 질서는 일상 생활 속에서 규칙적으로 되풀이되는 행동이다.

대부분의 사람들은 아침에 일어나면 늘 되풀이하는 습관이 있다. 양치질을 하고 커피를 마시고 라디오를 켠다. 그리고 옷을 입고 아이들을 깨우고 현관에 놓인 신문을 집어들기 전에 고양이에게 밥을 준다. 이것은 오랫동안 몸에 밴 습관으로, 이른 아침이면 매일매일 이렇게 해오고 있는 것이다. 굳이 매일 그때그때 되풀이되는 일에 특별한 의미를 둘 필요는 없다. 물론 가끔은 커피 마시는 걸 잊고 출근하기도 하지만.

이런 질서가 깨져버리면 어떻게 될까? 아침에 늦잠을 자거나 전화벨 소리 때문에 잠을 설치거나 해서 아침에 늘 해오던 일이 방해받으면 그 다음 순서로 늘 해오던 일이 삐걱거리기 시작한다. 무엇을 해야 할지 망설이고 스트레스를 받고 정서적으로나 육체적으로 에너지를 낭비하게 된다. 질서가 깨지면 학교에서나 직장에서 산만해지고, 그건 하루 온종일 지속된다.

대부분 집에서의 질서는 사전에 치밀하게 계획되지는 않는다.

부모들은 아이가 "우린 왜 항상 이런 식으로 하는 거지?" 하고 말했을 때에야 비로소 한 번 했던 일이 가정 내의 질서로 굳어진 것을 깨닫고는 깜짝 놀라게 된다.

따라서 부모들이 처음 질서를 정할 때 어떤 식으로 정하느냐가 매우 중요하다. 가족들 서로에게 도움을 줄 수 있는 질서냐, 그렇지 않고 서로를 불편하게 하고 괴롭히는 질서냐에 따라 집안 분위기가 백팔십 도로 달라지기 때문이다.

부모가 어떻게 질서를 잡느냐에 따라
아이들의 생활 습관이 달라진다

이미 말한 바 있듯이, 질서란 한번 굳어지면 습관처럼 몸에 배어 버린다. 그렇게 몸에 밴 습관은 좀처럼 고치기 어렵다.

우리 가족은 여름마다 할머니 댁에 가곤 한다. 그런데 맨 처음 할머니 댁에 갔을 때 남편과 나는 차에서 짐을 내렸고, 그러고 나면 아이들이 각자 가방과 짐을 들고 들어갔다. 그 이후로 매번 여름 휴가 때면 서로 아무 말 하지 않아도 이런 식으로 각자 맡은 일을 하고 있다.

어찌 보면 가족 간의 질서는 식탁에서 자기 자리를 찾아 앉는 것처럼 자연스럽고 쉬운 일이다. 식사 때마다 누가 어디에 앉아야 할지를 정하고 다투는 건 그야말로 시간 낭비일 뿐이다. 진흙 묻은 신발을 어디에 두어야 할지, 아침에 누가 먼저 세수를 할 것인지, 학교나 직장에서 돌아왔을 때 무엇부터 해야 할지… 이 모두가 질서이다.

어떤 아이는 집에 돌아오면 "학교 다녀왔습니다"라고 말하는가 하면, 어떤 아이는 누군가 자기를 발견해주었으면 하고 바란다. 또 다른 아이는 엄마, 아빠를 대충 보고 곧장 냉장고로 뛰어가기도 한다. 거실에 이것저것 늘어놓는 아이가 있는가 하면, 자기 방으로 물건을 가져다 치우는 아이도 있다. 다시 말하지만 이 모든 것이 질서이고, 질서는 곧 생활이 된다. 결국 부모가 어떻게 질서를 잡느냐에 따라 아이들의 생활 습관이 결정된다.

어릴 때부터 규칙과 질서에 따라 집안일을 분담시킨다

가족 간의 질서를 아주 멋지게 유지하고 있는 가정도 꽤 많다. 몇 년 전에 남동생 집을 방문했을 때 난 마치 뭔가에 홀린 것 같았다.

그때 나는 동생과 올케, 그리고 초등학교에 다니는 다섯 명의 조카들과 함께 식사를 했다. 식사를 마치고 올케가 커피를 탈 때까지는 모두 앉아 있었다. 그런데 그 다음 정말이지 놀라운 광경이 벌어졌다.

다섯 아이가 자리에서 벌떡 일어나더니 식탁을 치우는 것이었다. 그러니까 커피를 다 준비했다는 것은 곧 어른들만의 후식이 시작되었다는 의미였다. 어른들이 커피를 마시는 동안 아이들은 지금껏 내가 본 것 중에서 가장 빠르게 움직였고 싸움이나 불평은 한마디도 들리지 않았다.

한 아이는 접시를 날랐고, 한 아이는 그것을 설거지 기계에 담았다. 그리고 다른 아이는 남은 음식과 양념 그릇을 정리했으며, 한 아이는 싱크대와 가스레인지 그리고 식탁을 정리했다. 그러는 사이 막내는 종이 휴지를 들고는 바닥에 흘린 것들을 깨끗이 치웠다.

잠시 후 내가 올케에게 막내까지 일을 시키느냐고 묻자 올케는 이렇게 말했다.

"우린 막둥이를 '바닥에 떨어진 것을 줍는 사람'이라고 불러요. 바닥을 치우는 일은 바닥에서 가장 가까이에 있는 사람이 해야 하니까 결국 막내 몫이 된 거죠."

8분 안에 부엌은 깔끔해졌고 일을 마친 아이들은 밖으로 나가 놀았다. 아이들은 질서에 따라 움직이면 형제끼리 싸우거나 부모와 다툴 필요 없이 더 많이 놀 수 있다는 걸 알고 있었던 것이다. 조카들은 아침에 일어나서 등교할 때나 집에 돌아왔을 때도 일정한 규칙에 따라 움직였다.

아이들의 행동 가운데 몇 가지만 질서를 잘 잡아놓으면 다른 것들은 저절로 따라오게 마련이다. 그러면 그것은 아이들의 생활 속에 자연스럽게 자리를 잡게 된다.

흔히 크고 작은 집안일을 두고 누가 할 것인가에 대해 서로 다투는 일이 많은데 부모들은 이런 싸움이 사라지길 원한다. 그렇다면 아이들이 규칙과 질서에 따라 집안일을 나눠서 해야 한다는 사실을 어렸을 때부터 몸에 익히도록 해야 한다. 질서와 규칙이 없는 가정은 무질서한 지옥으로 변하고 가족 간의 갈등도 늘어난다. 그러나 질서와 규칙만 몸에 익힌다면 쓸데없는 싸움은 저절로 사라질 것이다.

8

행복한 가정을
만드는
아주 단순한 법칙

걔네 집에 가서 놀기 싫어.
너무 시끄러워서 배가 아프단 말야

한 아이가 친구 집에 놀러 가지 않겠다며 엄마한테 그 이유를 이렇게 설명했다.

"걔네 집에 가서 놀기 싫어. 걔네 집에 가면 너무 시끄러워서 배가 막 아프단 말야."

아이는 나름대로 소음과 스트레스의 관계를 정확히 표현하고 있다. 우리는 집에서뿐만 아니라 직장에서, 그리고 쇼핑센터에서, 놀이공원에서 이같은 경험을 할 수 있다. 우리가 느끼지 못하는 사이 음악이나 교통 신호음, 또는 이런저런 소음들이 생활 주변에서 점점 커지고 있다.

지금까진 소음에 대해 별로 신경을 쓰지 않았지만 소음은 문명의 발달과 함께 급격히 늘고 있다. 분위기를 부드럽게 하기 위해 틀어둔 음악도 때로는 신경을 거슬리기도 한다. 특별 세일이라며 가게의 점원들은 큰 소리로 외쳐대고, 사람들은 싸고 좋은 물건을 사기 위해 서로 다툰다. 전자오락실의 소리가 멀리서도 들려오고, 텔레비전에선 스포츠 캐스터들의 목소리가 시청률을 의식해서 더욱 시끄러워지고 있다.

사람들은 점점 커지는 소음을 줄이려고 하기보다는 그 소음을 없애기 위해 카펫을 새로 깔거나 방음 장치를 하는 등 많은 돈을 쏟아붓는다.

소음이 끊임없이 높아지면
가족들의 스트레스도 높아진다

소음을 느끼는 정도는 집집마다 다르다. 어떤 집에선 스테레오 전축과 라디오, 텔레비전을 한꺼번에 크게 틀어놓고도 편안하다고 생각하는 반면 어떤 집에선 라디오 하나만 틀어놓아도 신경이 쓰인다고 한다. 시끄러운 소리에 무신경했던 부모들은 종종 이것이 가족들의 스트레스와 밀접하게 연관된다는 사실을 알고는 놀란다. 소음이 끊임없이 높아지면 그에 따라 가족들의 스트레스도 높아진다.

물론 아이들이란 원래 시끄러운 법이다. 신나게 뛰어놀 때는 더욱 심하다. 그래서 우린 아이들이 특별히 심하게 뛰어놀지 않더라도 가끔은 짜증이 나서 그 자리를 벗어나고 싶어한다. 아이들에겐 따로 조용히 있어야 할 곳이란 게 없다. 아이들이 있는 곳은 항상 들썩이고 소란스럽게 마련이고, 또 굳이 아이들이 늘 얌전히 있어야 할 필요도 없다. 하지만 집안 분위기를 좀더 평화롭고 편안하게 만들기 위해선 집 안의 소음을 적절히 조절할 수 있어야 한다.

간단히 말해, 부모는 집 안의 소음을 적절한 선에서 조절해야 할 책임이 있다. 그렇다면 '지나친 소음'이란 구체적으로 어떤 기준에서 말하는 걸까? 부모와 아이들은 '지나치다'라는 정도에 대해 의견 일치를 못 보는 것 같지만, 우리가 평소보다 목소리 톤을 더 높일 수밖에 없다면 그건 일단 주변 환경이 꽤 시끄럽다는 뜻이다.

아이들이 뛰노는 소리, 텔레비전 소리, 오디오 소리 때문에 정신 집중이 안 된다거나 이야기를 할 수 없다고 계속 말했을 경우 분명 아이들은 아니라고 주장할 것이다. 하지만 그건 틀림없이 아이들이 시끄럽게 떠들었다는 증거가 된다.

목소리 크기는 전화벨이나 음악, 텔레비전 등 배경 소음에 따라 커진다

부모들은 아이의 개인적인 특성이나 날씨 같은 건 통제할 수 없지만 소음의 정도는 충분히 통제할 수 있다. 만약 "조용히 해라"라는 말이 끊임없이 반복된다면 우리는 몇 가지 새로운 규칙을 정할 필요가 있다.

많은 부모들이 효과적으로 사용하고 있는 방법 중 하나는 "첫째도 조용히! 둘째도 조용히!" 하고 규칙을 제시하는 것이다. 그러면 아이들은 이에 따를 것이다. 이 규칙을 어겼을 경우엔 벌칙을 내리면 되고, 더 이상 강요하지 않아도 된다.

두 명 이상의 십대 아이들이 서로 오디오를 들으려고 다툰다면 아마도 그 집은 록 콘서트장처럼 변해버릴 테고, 그렇다면 이때는 이어폰을 쓰도록 해야 한다. 또 손님이 왔을 때는 텔레비전을 끄도록 해야 한다. 혹시 누군가가 중요한 프로그램을 보는 중이고 여분의 텔레비전이 없는 경우라면 손님을 다른 방으로 안내해서 그곳에서 얘기를 나누도록 해야 한다. 텔레비전을 크게 켜둔 채로 이야기를 나누는 것은 손님에 대한 예의가 아니다.

가족들이 목소리 톤을 낮추면 집 안 전체가 조용해진다. 집 안 분위기를 편안하게 만들려면 목소리를 낮추도록 신경을 써야 한다. 부모가 목소리를 낮추면 아이들도 따라서 목소리가 낮아진다. 이건 교사 생활을 할 때 터득한 교훈이다. 내가 속삭이듯 목소리를 낮추면 학생들도 자연스럽게 나를 따라왔다. 나는 늘 그런 상태를 유지했다.

목소리의 크기는 음악 소리나 전화벨 소리, 텔레비전 소리 등 배경 소음에 따라 커진다. 언젠가 한 할아버지가 자기 아들네 집안 분위기를 이렇게 표현한 적이 있다.

"도대체 이건 얘기를 하는 게 아니라니까. 고래고래 소리를 지르는 거지."

할머니께서 아들한테 그 얘기를 했더니 아들이 이렇게 변명하더란다.

"글쎄요, 이렇게 시끄러운데 소리를 질러야 들리지 않겠어요?"

가족들과 함께하는 시간을 잃어버린다는 건
꿈을 잃어버리는 것이다

흔히 오늘날의 가정을 묘사하는 데 자주 쓰이는 형용사가 있다. 바로 '눈코 뜰 새 없는' '정신없는' 그리고 '너무도 할 일이 많은' 같은 말이다. 사실 우리는 만날 사람들도 많고 할 일들도 너무 많기 때문에 가족과 여유 있게 함께할 시간이 없다.

"전 우리 아들이 직장 때문에 집을 떠난 뒤에야 한가로워졌어요. 그런데 딸이 교회 청년 모임에 들어가서 농구 연습을 하기 시작하자 다시 바빠졌죠."

한 아버지가 말했다.

"집사람은 아이가 운동을 하러 갈 때나 모임에 갈 때, 또 어딘가로 갔을 때 차로 데려오려고 항상 기다리죠. 그런 일이 가끔 있는 거라면 저도 아무 말 않겠지만 늘 그래요. 마치 서커스를 하듯 바쁘게 살고 있죠."

그는 집에 가면 좀 편안하고 한가하게 쉬고 싶었지만, 가족 모두 늘 바쁘게 생활했다.

가족이 모두 모여 하루 종일 함께 있기란 사실상 어렵다. 주말은 운동 경기나 모임 약속, 그 밖의 이런저런 잡다한 일로 너무 바쁘게 돌아간다. 그렇게 지쳐 있다가 월요일 아침이면 오히려 가벼운 마음으로 직장에 가게 된다.

"빨리 좀 해!"

이 말은 바쁘게 사는 가정에선 아주 흔하게 쓰는 말이며, 가족들에게 스트레스를 주는 말이다. 가족들과 함께하는 시간을 잃어버린다는 건 꿈을 잃어버리는 것이다. 부모가 신경 써서 노력하지 않으면 가정은 그야말로 하숙집이 되어버린다.

건강한 가정을 만들고 싶다면
바깥 활동을 줄일 필요가 있다

다른 문화권에 속하는 사람으로 상당히 오랫동안 미국 사회를 연구한 친구들과 동료들은 미국 생활에서 이해할 수 없고 모순된 것 중의 하나가 사람들이 너무 바빠 가정을 소홀히 하는 것이라고 말한다. 외국인의 관점에서 보면 우린 바깥으로 도망다니는 동안 가정의 소중함을 잃어버린 사람들이다. 외국의 사회학자들은 "가족들이 함께 있고 싶어하지 않는 것 같다"고 말하기도 한다. "미국 사람들은 항상 바쁘고 뭔가를 굉장히 서두른다. 그렇게 열심히 일만 하면 언제 가족들과 즐거운 시간을 보내겠는가?" 정말이지 잘 지적하고 있다. 좋은 부모란 아이들을 다양한 활동에 참가시켜야 하고 다른 집에서도 그렇게 하고 있기 때문에 느긋하게 살아가려는 꿈은 버려야 한다고 모두들 생각하고 있다.

건강한 가정을 원한다면 부모와 아이 모두 바깥 활동을 어느 정도 줄일 필요가 있다. 대부분의 아이들은 운동부나 보이스카웃 등 서너 개씩 취미 활동을 하거나, 아니면 뭔가를 배우러 부지런히 뛰어다닌다. 그런데 이런 숨가쁜 일상에서 벗어나려면 어느 한 가지를 정리할 필요가 있다. 야구부 활동을 하는 경우엔 보이스카웃을 그만두고, 발레를 배운다면 체조부 활동을 포기해야 할 것이다.

늘 바쁘게 생활하느라 가족과 편히 지낼 시간이 없다면 집 밖에서 이루어지는 취미 활동을 줄여야 한다. 부모들도 마찬가지다. 하루 8시간 일을 한다면 퀼트 강습과 에어로빅 중에서 하나만 택해야 하고, 볼링을 즐길 것인지 포커를 할 것인지 둘 중 하나만 선택하는 것이 좋다.

아이들과 함께할 시간은 그리 길지 않으며, 한번 지나고 나면 다시 찾아오지 않는다

내 생각은 이렇다. 만약 아이들을 키우고 있는 중이라면 되도록 바깥 활동은 자제하라고 권하고 싶다. 아이들은 언젠가 자라서 집을 떠나게 되어 있다. 지금은 부모가 아이들과 함께 여유롭게 보내야 할 때이며, 이런 시간은 두 번 찾아오지 않는다.

그럼 우리가 사회 활동을 너무 많이 한다는 걸 어떻게 알 수 있을까? 그걸 알 수 있는 몇 가지 증후군이 있다.

우선, 몇 주 정도 약속이 꽉 차 있어 다른 약속을 새로 정할 수 없다면 그건 분명 스케줄이 너무 빡빡한 것이다. 또 식구들 중 누군가가 먼 곳에 사는 소중한 친척을 방문할 시간이 없다고 한다면 그 역시 스케줄이 너무 빡빡한 것이다. 그리고 '서둘러!'라는 말을 입에 달고 산다면 그 집은 정신없이 바쁘게 살고 있는 것이다. 식구들이 두 가지 일을 동시에 하고 있다면—예를 들어 전화를 하면서 요리를 하거나, 축구 경기를 보면서 신문을 읽거나, 아이의 숙제를 돌봐주면서 컴퓨터를 만진다거나—이 집은 모두들 숨가쁘고 정신없이 살고 있다는 증거이다.

가족간의 예의는
서로를 존중하고 있다는 표현이다

예의바른 태도는 서로를 존중한다는 뜻이며, 이것은 건강한 가정을 만드는 아주 중요한 요소들 중 하나이다.

가족행동을 연구하는 학자들은 하나의 문제를 놓고 가족들이 대화하며 해결해가는 과정을 비디오로 촬영하곤 한다. 이렇게 하면 나중에 비디오를 보면서 자신들의 행동과 말투 등을 객관적으로 점검할 수 있기 때문에 여러 모로 도움이 된다. 그런데 보통 대개의 가족들은 비디오 촬영 중엔 주어진 문제를 해결하느라 정신이 없어 서로에게 어떤 태도로 말했는지, 혹은 어떤 식으로 대화를 나누었는지 잘 깨닫지 못한다. 그러다 비디오를 보고 나서야 비로소 "미안해" "고마워" "~ 좀 해주겠니?"와 같은 기본적인 예의조차 무시한 건 물론이고, 상대방이 말하는 도중에 수시로 끼여들거나 중간중간 말을 끊었다는 걸 깨닫고는 깜짝 놀라게 된다.

가족행동에 관해 오랫동안 연구해온 전문가들은 한결같이 이렇게 말한다.

"사실 부모들이 행복해지는 방법은 아주 간단합니다. 아이들에게 '~좀 해주겠니?' 하고 말하면 그걸로 충분합니다. 부모가아이들에게 '~좀 해주겠니?' 또는 '고맙다'라는 말을 한다면 과연 어떤 결과가 나타날지 한번 상상해보십시오. 그런데도 많은 부모들은 이 간단하면서도 효과적인 방법을 잘 모르고 있습니다. 왜 다들 이렇게 간단한 방법을 활용하지 않는지 정말 이해할 수 없습니다."

나는 이 말에 전적으로 동의한다. 예의바르게 행동하지 않는다면 결코 상대에게 존중받을 수 없다. 우리가 가정에서 존중받지 못한다면 우린 스스로를 가치 없는 존재라고 여기게 된다. 싸우거나 화를 내면 품위를 잃어버리지만, 서로가 서로에게 예의바르게 행동한다면 우리는 모두 소중한 존재가 될 것이다.

예의를 지키기까지 시간이 걸리지만
행복한 가정을 위해선 꼭 필요하다

행복한 가정을 만드는 아주 단순한 법칙이 있다. 항상 서로에게 예의를 갖추라는 것이다. 예의바르게 행동하는 것도 습관이듯이, 예의 없이 행동하는 것도 습관이다.

결혼 전에는 예의를 갖추고 서로를 존경하기까지 하던 부부들도 결혼한 뒤엔 사소한 예의조차 생략해버린다. 이렇게 서로에게 상처를 주는 걸 보면 이상하다는 생각이 든다.

물론 예의를 지키는 데는 시간이 좀 필요하다. 가령 "자동차 열쇠 가져와"라는 표현이 "자동차 열쇠 좀 갖다줄래? 갖다줘서 고마워" 하는 것보다 시간도 덜 들고 간단하다. 하지만 평화롭고 행복한 가정을 만들기 위해선 그 정도 시간은 기꺼이 투자할 줄 알아야 한다. 처음엔 약간 어색하고 쑥스러울지 몰라도 금방 습관으로 굳어지고, 그렇게 습관으로 굳어지면 일부러 노력하지 않아도 자연스럽게 이루어진다.

~좀 해줄래?, 고마워, 미안해
이 세 가지 말이 평화로운 가정을 만들어준다

집안이 화목해지도록 노력하는 가정에선 무엇보다 예의를 잘 지키며, 그렇게 하려고 노력한다. 그리고 '~좀 해줄래?' '고마워' '미안해' 라는 세 가지 말을 굉장히 자주, 그리고 자연스럽게 한다.

명령을 하면 상대에게 존중받지 못한다. 상냥하게 부탁할 줄 아는 사람이 존중받을 수 있다. 20년 동안 회사를 경영하고 있는 어떤 사장이 "근로자들을 존중하면 회사에 더 충실해지고 생산

력도 높아진다"고 했던 말이 기억난다. 가정에서도 마찬가지다. 다시 한번 자녀를 키운다면 어떻게 하고 싶냐는 나의 질문에 한 엄마는 이렇게 대답했다.

"아이들이 뭔가를 했을 때 항상 '고맙다'고 얘기해주겠어요. 예전엔 아이들이 뭔가를 해냈을 때 그게 당연한 거라고 생각했기 때문에 '잘했구나'라거나 '고마워'라는 말을 못했거든요. 정말 후회스러워요."

아이들에겐 늘 용서를 빌라고 하면서도
정작 부모들은 사과할 줄 모른다

한 엄마는 자신이 잘못했을 때 아이에게 사과를 하는 게 참 어려웠다고 고백했다. 아이에게 사과를 하면 나약해 보일까봐 두려웠던 것이다. 그러면서도 아이들에겐 용서를 빌라고 얘기한다. '미안하다' 또는 '잘못했다'고 사과를 하는 것은 약해서가 아니라 자신의 행동이나 잘못을 되돌아보는 것일 뿐이다. 아이에게 "너한테 전화가 왔었다는 걸 아빠가 깜빡 잊어버렸구나. 정말 미안하다"라고 해도 결코 부모에 대한 존경심은 사라지지 않는다. 이는 부모도 얼마든지 실수할 수 있고, 또 감정을 가진 인간임을 설명해주는 것이다. 오히려 전화 메모를 전해주지 않았다며 부모한테 화를 냈을 때 지금 자신이 얼마나 화나 있는지 부모들이 관심을 두지 않으면 바로 그것에 대해 더 화가 나고 속상해한다.

왜냐하면 부모가 자신을 하찮게 취급하고 있다고 느끼기 때문이다. 이럴 땐 '미안하다'고 한마디만 하면 모든 게 간단해진다.

말하는 중간에 끼여들면
아이들은 말문을 닫아버린다

중간에 말을 끊고 끼여드는 것은 예의바르지 못한 행동이다. 하지만 꼭 나쁘다고만은 할 수 없다. 건강한 가족의 대화법에 관해 나름대로 연구해본 결과에 따르면, 대화를 많이 나누는 가정이 그렇지 못한 가정에 비해 오히려 더 끼여드는 대화 습관이 있는 것으로 나타났다. 물론 중요한 것은 상대방을 존중하면서 끼여드느냐, 아니면 상대방을 무시하면서 끼여드느냐이다. 이 차이점을 정확히 파악하는 게 매우 중요하다.

몇몇 가정에선 서로 대화를 나눌 때 아주 빠른 속도로 이야기를 주고받는다. 그러면서 자유롭고 편안하게 말 중간중간 끼여들게 되는 것이다. 왜냐하면 한마디만 들어도 상대방이 무슨 말을 하고 싶어하는지 금방 알아채기 때문에 굳이 길게 듣고 있을 필요가 없다. 결혼 생활을 오랫동안 한 부부들을 보면 쉽게 이해할 수 있다. 그들은 반 토막짜리 문장만으로도 전혀 불편함을 느끼지 않고 대화한다.

"열쇠를 가져가나…?"

"늦을 테니까…"

"그런데 비가 오면…?"

"알아서 하겠지…"

주로 이런 식이다. 아마 속모르는 사람이 옆에 서서 이런 대화를 듣게 된다면 둘이 싸우고 있는 거라고 생각할지도 모른다. 하지만 이건 서로를 무시하려고 하는 말이 아니라 그 집의 스타일이면서 가족 모두 이렇게 짤막짤막하게 말하는 것이므로 무례하다고 볼 수는 없다.

무례한 끼여들기는 힘의 균형이 서로 맞지 않을 때 일어나게 된다. 여기서 힘의 균형이 맞지 않는다는 것은, 가족 중의 누군가는 자기 마음대로 말하고 절대로 끼여들지 못하게 하면서 다른 사람(주로 어린 아이들)이 말할 때는 함부로 말허리를 끊고 툭툭 끼여드는 상황을 가리킨다. 이렇게 되면 당하는 사람의 입장에선 겉으로 표현하지는 않지만 알게모르게 좌절감과 분노가 쌓이게 된다.

말하는 중간중간 다른 사람이 자꾸 끼여들면 아이들은 말문을 닫아버리고 만다. 더 이상 대화하고 싶지 않은 것이다. 그렇게 되면 다른 식구들은 화를 내기 시작할 테고, 결국 가족 간의 갈등의 골은 더욱 깊어지게 된다. 혹시 아이들에게 "그만 좀 얘기해라" 또는 "끼여들지 마라"라고 자꾸 말하고 있다면 우선 자신부터 끼여드는 습관이 없는지 꼼꼼히 점검해봐야 한다. 그랬을 때 별다른 문제가 없다면 다른 사람이 얘기하는 동안 끼여드는 아이에겐 벌칙을 주어야 한다.

"한 번만 더 끼여들면 앞으로 5분 동안 입을 다물고 있거라."

인사를 잘하는 것은
모든 인간 관계의 기본이 된다

손님이 왔을 때 무신경하게 가만히 앉아 있거나, 혹은 손님이 왔다는 걸 알면서도 인사하지 않는 경우를 종종 보게 된다. 우리 집을 방문했던 한 어르신께서 "이 집 아이들은 항상 '안녕하세요?' 하고 반갑게 인사를 하더라구요. 그래서 그런지 이 집에 오면 기분이 참 좋아요. 그리고 자주 오고 싶구요. 이렇게 인사를 잘한다는 게 얼마나 소중한 일인지 아세요?"라고 말한 적이 있다.

나의 경우 학교에 갔다오면 꼭 부모님께 인사를 드렸다. 손님이 오셨을 때도 마찬가지였다. 나는 우리 아이들에게도 인사를 잘하도록 가르쳤다.

다른 사람에 대한 예절과 배려, 이런 사회적인 행동은 부모를 모델로 해서 꾸준히 배우게 된다. 어려서부터 인사하는 습관을 충분히 배우고 익힌다면 누구보다 사회 생활을 잘 해나갈 수 있을 것이다. 이러한 기술은 개인적인 인간 관계뿐만 아니라 직장 생활 등 규모가 큰 조직 사회에서도 필수적이기 때문이다.

흔히 주변에서 보면 손님이 찾아왔는데도 인사를 하지 않는 아이들이 있다. 이건 분명 잘못된 일이다. 그러나 이런 잘못을 범하는 건 아이들뿐만이 아니다. 부모들도 마찬가지다. 아이가 친구를 집으로 데리고 왔을 때 보는 둥 마는 둥 눈길조차 주지 않는 경우가 있다. 손님들이 집에 왔을 때 으레 인사를 하듯이, 아이의 친구들이 집에 왔을 때도 반갑게 맞아들이고 인사를 할 필요가 있다.

어떤 부모는 왜 맨날 자기 아이가 친구집에 가서 노는지 잘 모르겠다고 얘기한다. 이상하게도 친구들을 집으로 초대하지 않는다는 것이다. 그렇다면 그 이유를 찬찬히 생각해봐야 한다. 혹시 아이들 친구가 집에 왔을 때 시큰둥하게 대하지 않았는가? 아이들은 굳이 말로 표현하지 않더라도 자신이 환영을 받고 있는지, 무시를 당하고 있는지 대번에 알아차린다.

별것 아닌 사소한 예의가
가정을 밝고 건강하게 만들어준다

가정에서 일어나는 무례함들은 이루 말할 수 없을 정도이다. 흔한 예로, 다른 식구들이 휴식을 취하고 있는 동안 음악을 크게 틀어둔다거나, 남의 편지를 함부로 뜯어본다거나, 노크도 없이 문을 벌컥벌컥 열어젖힌다거나, 통화 중에 수화기를 들어버린다. 또 텔레비전 리모컨을 독점한다거나, 자기 마음대로 채널을 돌려버리거나, 화장실 휴지를 다 쓰고도 다시 갈아끼워놓지 않는다거나, 어려움에 처한 식구를 도와주지 않는다거나, 집 안을 어질러놓고도 치우지 않는다. 어떤 집에선 이런 무례함이 끝도 없이 이어진다.

어떤 상황에서건 꼭 지켜야 할 기본 원칙이 있다. 앞서 얘기했듯이 직장에서도 마찬가지다. 만약 직장 환경이 시끄럽고 침침하고 쾌적하지 않다면 누구나 휴식과 안정을 취하기 위해 빨리 집으로 가고 싶을 것이다. 이건 병원이나 교회, 학교에서도 마찬가지다. 환경에 좀더 주의를 기울인다면 우리는 정서적으로 훨씬 안정되고 편안해질 수 있다.

문제 많은 가정을 연구하다보면, 늘 개인에게만 초점을 맞추지 그 개인이 처한 환경에는 관심을 두지 않는 걸 발견하게 된다.

환경에 초점을 맞추고 관심을 기울일 때 가정을 지옥으로 만드는 요인과 천국으로 만드는 요인을 분명히 구별해낼 수 있다. 또한 이를 토대로 좋은 해결책을 찾을 수 있을 것이다.

9

'안돼' 엄마와
'싫어' 아이의
평화만들기

이번 장에는 부모교육 수업에 참여했던 2백여 명의 부모들과, 신문에 연재한 '창조적인 부모 되기' 라는 나의 기사를 읽고 소감을 보내주었던 부모들의 지혜로운 교육 방법이 소개되어 있다. 아이들을 키우면서 나름대로 터득한 생활 지혜가 가득 담겨 있는 것이다.

그 동안 많은 부모들이 나에게 얘기해주었던 교육 방법은 모두 실제 경험에서 나온 것이라 매우 실질적이고 효과적인 가르침을 전해주고 있다. 이런 훌륭한 교육 방법을 나와 함께 나누었던 모든 부모들께 진심으로 감사드리고 싶다.

요요 장난감으로 떼쓰는 아이 다루기

언젠가 부모교육 수업을 했을 때의 일이다. 그때 나는 참석한 사람들을 즐겁게 해주려는 생각에서 각자 제일 좋아하는 장난감을 하나씩 가져오라고 했다.

그런데 한 젊은 엄마가 요요를 가지고 환상적인 묘기를 보여주고 나서는, 자기가 어떻게 이런 훌륭한 요요 솜씨를 갖게 되었는지 설명해주는 것이었다.

"전 항상 바지 주머니에 요요를 넣고 다녔어요. 그러다 아이들이 징징거리거나 떼를 쓸 때면 요요를 꺼내서 놀았죠."

그러면 아이들의 징징거리는 소리를 완전히 무시할 수 있었다고 한다. 물론 처음엔 여전히 시끄럽게 굴었지만 차츰 횟수가 더해가자 아이들은 엄마가 더 이상 자기들한테 신경을 쓰지 않는다는 걸 알아차리더란다.

"아이들이 잠잠해졌다 싶으면 그때 장난감을 주머니에 다시 넣고 조용히 얘기하기 시작하죠. 그러면 더 이상 떼를 쓰지 않는답니다."

강아지 인형으로 아침잠 깨우기

이것도 같은 수업 시간에 들었던 얘기다.

그 엄마는 강아지 모양의 손가락인형을 보여주었는데, 아이한테 화낼 일이 생기면 손가락에 강아지 인형을 끼우고는 마치 강아지가 말하는 것처럼 아이에게 얘기를 한다는 것이다. 그러면서 손가락인형으로 어떻게 아이를 깨우는지 직접 보여주었다.

"일어나, 나랑 놀자. 아침 먹을 시간이야."

강아지의 목소리로 그렇게 말하면서 아이를 자꾸 건드린다고 한다. 그러면 아이는 계속 이불 속으로 머리를 파묻지만 결국엔 울상이 된 얼굴로 이렇게 애원한다는 것이다.

"엄마, 제발 이 강아지 좀 쫓아내줘."

이렇게 하면 아이를 귀찮게 하는 건 엄마가 아니라 강아지 인형이기 때문에 엄마를 싫어하게 만들지 않는다.

목요일은 남은 음식을 먹는 날

아이들이 음식을 남기면 흔히 엄마들은 야단을 치거나 잔소리를 늘어놓게 된다. 이럴 때 잔소리를 하지 않으면서도 아이의 버릇을 고칠 수 있는 방법은 없을까?

한 엄마는 음식 남기는 버릇을 고치기 위해 목요일을 '남은 음식 먹는 날'로 정했다고 한다. 그날은 '엄마가 편히 쉬는 날'로, 절대 음식 투정을 해서는 안 된다는 규칙을 정했다는 것이다. 만약 주말에 누군가가 음식이 맛없다고 불평을 하면 이렇게 말한다고 한다.

"그래, 하지만 목요일날 먹는 것보다 훨씬 맛있지 않니?"

그리고 음식이 아주 맛있어서 싹싹 비우는 날이면 이 엄마는 아이들에게 웃으면서 아이들에게 주의를 준다는 것이다.

"애들아, 조심해. 목요일날 먹을 게 없어서 굶으면 어떡하니?"

물론 음식을 다 비우면 목요일에 남은 음식을 먹을 필요가 없다.

남은 음식은 '덩어리 파티'로 해결

내 친구 앤은 남은 음식들을 해결하기 위해 아주 독창적인 방법을 고안해냈다. 그 방법은 바로 '덩어리 파티'이다. 그녀의 어린 친구들이 덩어리 파티에 초대해달라고 조를 정도로 인기 만점이다.

그 방법은 이렇다. 앤은 한 달 동안 남은 음식들을 한 덩어리씩 싸서는 냉동실에 넣어둔다. 이때 덩어리엔 아무 표시도 되어 있지 않다. 그리고 음식이 많이 모였다 싶으면 그걸 전부 꺼내서 오븐에다 데운 다음 식탁에 가득 차려놓는다.

그런 후 아이들과 식탁에 앉아 덩어리를 하나씩 열어보고는 마음에 들면 그걸 먹는다. 만약 마음에 들지 않으면 옆사람에게 건네주면 된다. 음식은 피자에 들어가는 콩을 비롯해 복숭아 파이까지 아주 다양하다.

어떤 사람이든 자기한테 전달된 음식을 갖거나 먹을 수 있지만, 그 덩어리가 계속해서 돌다가 처음 집었던 사람한테 다시 돌아오면 아무 불평 없이 먹는 게 규칙이다. 앤의 아이들은 지금 모두들 다 컸지만 아직도 여전히 덩어리 파티를 열자고 한다.

심술궂은 엄마들이 다니는 학교

엘렌이라는 엄마가 보내온 편지 내용이다.

"아이들이 저더러 심술궂은 엄마라고 비난하면 전 이렇게 얘기한답니다. '그래, 난 심술궂은 엄마들의 학교에 다녔단다.' 그리고는 한술 더 떠서 '부모가 되려면 누구나 그 학교에 다녀야 하는데, 6주마다 한 번씩 일주일 동안 그곳에 가서 교육을 받는단다' 하고 말예요. 제가 그렇게 유연한 태도로 나가니까 아이들이 조용해지더라구요."

뭘 하면 재밌을지 골똘히 생각해보렴

또 다른 엄마가 보내온 편지를 잠깐 읽어보자.

"저는 아이들 셋을 키우고 있는 주부랍니다. 아이들과 생활하면서 제일 성가실 때는 '어떻게 해?'라고 자꾸 물어볼 때랍니다. 물론 아이들에게 이렇게 저렇게 해보라고 얘기해주지만, 그러면 또 물어봅니다. '그건 어떻게 하면 돼?' 결국 이 다음엔 뭘 해야 할지 하나하나 얘기해주곤 하는데 그러다보니 아무래도 안 되겠더라구요. 그래서 이 규칙을 만들어냈답니다. 그러니까 우선 세 가지 정도 제안을 한 후에 이것도 저것도 하기 싫으면 자기들 나름대로 마음껏 하게 했고 그날 하루만은 똑같은 질문을 다시 못하게 한 겁니다.

제가 아이들한테 했던 제안은 이런 거였어요. 쓰던 편지 봉투나 내가 받았던 편지를 갖고 노는 사무실놀이, 책을 갖고 노는 도서관놀이, 석유 대신 물을 채운 호스와 자전거를 갖고 하는 주유소놀이, 지하실에 쌓아둔 음식 상자나 깡통을 갖고 하는 슈퍼마켓 놀이 등등이죠.

이 얘기를 친구한테 해줬더니, 그 친구는 아이들이 '뭘 할까?' 하고 물어보면 몇 가지 제안을 한 다음 꼭 마지막에다 '뭘 하면 재밌을지 한번 생각해보렴' 하고 대답한대요. 그러면 친구네 아이들은 매번 자기들이 생각해낸 놀이를 한다는 거예요. 정말 재밌지 않으세요?"

174

심심하니? 아무래도 아픈 것 같구나

"엄마, 나 심심해 죽겠어. 아무것도 할 게 없단 말야"라고 아이들이 투덜거릴 때 아주 효과적으로 대응하는 방법을 우연히 발견한 적이 있다. 언젠가 우리 딸이 심심하다며 나에게 칭얼거릴 때였다. 우리 딸은 원래 호기심이 많고 항상 부산스럽게 움직이는 편이라 평소 심심하다는 말을 별로 하지 않았고, 그래서 난 조금은 걱정이 되었다.

"너 아무래도 몸이 안 좋은가보다. 체온계를 가져와볼래? 열이 있는지 한번 재봐야겠다."

체온을 재봤더니 열이 나는 건 아니었다. 하지만 일단 한 시간 정도 누워서 쉬라고 했다. 그런데 신기하게도 그 이후로 우리 집에선 심심하다는 말이 싹 사라진 것이었다. 알고 봤더니, 우리 딸이 다른 형제들한테 이야기를 전했고, 아이들은 자기네가 '심심하다'고 하면 엄마가 체온계로 열을 재고 나서 누워 있으라고 말할 거라고 생각했던 것이다.

노는 건 너희들 일이니까 너희가 알아서 하렴

아이들이 할 게 없다고 불평할 때면 한 엄마는 이렇게 대답한다고 한다. "어떻게 놀면 좋은지 생각해야 하는 건 너희들 일이고, 이 엄마한테는 또 엄마가 해야 할 일이 있어. 만약 너희가 엄마한테 너희들 일을 떠맡기면 나중에 엄마 일을 도와줘야 하니까 노는 걸 나중으로 미룰 수밖에 없단다. 그렇게 말하면 아이들은 심심하다는 소릴 더 이상 안 한답니다. 그리고 저희들끼리 재미난 놀이를 하는데, 정말 희한한 놀이들을 많이 볼 수가 있어요."

한 주일마다 해야 할 일을 미리 정해준다

다른 엄마의 얘기를 들어보자.

"전 여름이면 한 주일이 시작될 때마다 그 주에 할 일들을 종이에 써서 붙여둔답니다. 그 목록에는 아이들이 귀찮아하는 일도 있고, 또 좋아하는 일도 있죠. 아이들은 그 목록 중에서 하루에 두 가지 일을 해야만 합니다. 그러니까 주초에 좋아하는 일만 하게 되면 주말엔 싫어하는 일을 할 수밖에 없죠. 그걸 알고 나선 스스로 알아서 하더라구요."

꽃밭에 물주기.
캠프에서 있었던 일을 재미있게 그려보기.
목욕탕 청소하기.
아이스크림 만들기.
자기 방 청소하기.
혼자 계신 할머니께 전화 걸기.
친구와 함께 수영장 가기.
운동용품과 신발 정리하기.
엄마가 안 쓰는 화장품 갖고 놀기.
자동차 청소하기.
유리창 닦기.
마당에 텐트 치고 자기.

길게 설명하면 아이들은 지루해한다

때로 부모들은 필요 이상으로 너무 길게 설명해서 아이들을 지루하게 만든다. 한 엄마가 자신의 경험담을 들려주었다.

"열네 살 된 저희 딸이 그러더라구요. '엄마, 저한테 말씀하실 땐 된다, 안 된다 식으로 짧게 얘기해주세요. 제발 이런저런 설명을 길게 붙이지 마세요.' 사실 그전까지는 아이에게 왜 되는지, 왜 안 되는지 자세히 설명해주는 게 중요하다고 생각했거든요. 그런데 아이 생각은 그게 아니었던 모양이에요."

부모가 꼭 알아야 할
세 가지 원칙

언젠가 부모교육 수업에서 한 아버지가 아주 지혜로운 방법을 얘기해주었다.

"집사람과 저는 이런 부모교육 세미나에 많이 참석했답니다. 물론 좋은 부모가 되고 싶기 때문이죠. 그런데 저희는 항상 세미나를 들으면서 저희 가족한테 딱 맞는 한 가지 원칙만을 뽑아내려고 했던 것 같아요. 하지만 아이들을 키우는 데 한 가지 원칙만 적용되는 건 아니더라구요. 이제야 그걸 알게 되었죠. 그래서 저희 나름대로 가장 효과적인 원칙을 세 가지 정도 정했는데, 바로 이런 것들입니다."

1. 부모도 기분 나쁜 일이 있거나 실망했을 때는 아이들에게 솔직하게 말하자. 아이들도 자기가 무슨 잘못을 했는지 정확히 알아야 한다. 그걸로 인해 아이들이 죄의식을 느끼지 않을까 걱정할 필요는 없다.

2. 아이들이 실수한 것에 초점을 맞추지 말고 '어떻게 하면 이런 일이 다시 일어나게 하지 않을까?'에 초점을 맞추자.

3. 실수한 것만 가지고 아이들을 야단치면 관계가 더 나빠지므로 그럴 땐 이런 말을 해보자.

"만일 _____이면 더 좋겠다."

"어떤 사람들은 _____하는 것이 더 좋을 거라고 생각한단다."

"네가 _____하면 나는 너에게 _____를 해주겠다. 왜냐 하면 _____이기 때문이야. 엄마(아빠)는 네가 _____ 해주길 바란단다."

자동차 앞자리에 앉겠다며 싸운다면
수첩에 이름을 적게 한다

또 다른 부모가 해준 얘기다.

"우리 아이들은 자동차에 탈 때면 서로 앞자리에 앉겠다며 싸운답니다. 거의 매번 이런 싸움이 되풀이되죠. 뒷자리에 앉게 된 아이는 벌레 씹은 얼굴을 해가지고는 '다신 뒷자리에 앉지 않을 거야' 하면서 툴툴거린답니다. 결국 보다 못해 제가 이런 꾀를 생각해냈어요. 자동차에다 수첩이랑 연필을 꽂아두고는 아이들에게 언제 누가 앞자리에 탔는지, 또 뒷자리에 탔는지 이름을 다 기록하게 한 거예요. 그리고 싸움이 일어날 때면 전 딱 한마디만 한답니다. '자, 수첩을 펴서 봐라.' 그렇게 했더니 저희들끼리 알아서 앉더라구요. 물론 싸움도 싹 사라졌죠."

오늘 있었던 재미난 일을 얘기해볼래?

매주 연재하는 나의 칼럼을 읽고 어느 독자가 보내온 편지다.

"아이들이 점점 커가면서 서로 다투는 일이 많아졌어요. 그러자 하루는 남편이 가정의 평화와 사랑을 유지할 수 있는 방법을 생각해내야겠다고 하더라구요. 특히 저희 아이들은 밥먹을 때 험담을 늘어놓는 습관이 있었는데, 남편은 그 버릇을 고쳐줘야겠다고 마음을 먹었던 모양이에요. 남편이 아이들한테 이렇게 물어보더군요. '오늘 다들 재미있게 지냈니? 뭔가 재밌고 즐거운 일이 있었으면 한번 얘기해볼래?' 거의 일 년 넘게 밥먹을 때마다 매번 이런 질문을 던졌어요. 그러고 났더니 그 다음부턴 남편이 물어보지 않아도 아이들 스스로 자기한테 일어났던 좋은 일들을 앞다퉈 얘기하게 되었답니다."

징징거리는 고양이는 내다버릴 거야

어떤 할머니가 들려준 얘기다.

"저한텐 손주가 다섯 명이 있는데, 그 중에 둘은 이웃에 가까이 살고 있어서 매일 돌봐주고 있죠. 지금 네 살과 다섯 살인데, 이놈들이 어렸을 땐 꽤나 징징거렸어요. 언젠가 한번은 손주놈들이 하도 징징거리길래 이렇게 말해줬죠. '이 할머니는 말야, 징징거리고 칭얼거리는 고양이가 있으면 곧바로 내다버릴 것 같아. 그런 고양이를 우리 집에 그냥 놔둘 수는 없거든.' 제가 원래 고양이를 싫어해요. 그걸 아이들도 잘 알고 있죠. 아이들이 징징거릴 때마다 전 똑같은 말을 자꾸 해줬어요. 그랬더니 징징거리던 버릇이 싹 없어지더라구요."

이유 없이 귀찮게 굴거나 툴툴거리면
잠자코 안 된다는 제스처만 취한다

하루는 줄리라는 친구네 집을 방문했다. 그런데 우리가 막 얘기를 하려는데 다섯 살배기 아이가 소란스럽게 놀기 시작하는 것이었다. 신경이 쓰인 줄리는 아이를 향해 가만히 손을 내저었고, 아이는 잠깐 멈칫하더니 이내 놀이를 그만두었다.

그 모습에 깜짝 놀란 내가 줄리에게 물어보았다.

"와, 정말 놀랍구나. 도대체 그 손짓이 무슨 뜻이야?"

"으응, 그건 아이한테 '그만해라!' 라고 말하는 제스처야. 그러니까 '엄마가 얘기를 끝낼 때까지 조용히 기다려라. 조금 있다 엄마가 널 돌봐주러 갈게' 하는 소리지."

줄리네 아이들은 급한 일이 있을 땐 엄마가 얘기하는 중에도 끼여들 수 있지만 그렇지 않을 때 괜히 끼여들거나 방해하면 엄마가 굉장히 화낸다는 사실을 잘 알고 있다고 한다.

줄리는 아이들이 싸울 때도 '그만해라!' 라는 제스처를 이용한단다.

"애들이 무슨 특별한 일이 있어서 그러는 게 아니라 그냥 단지 싸우고 싶어하는구나 짐작되면 난 애들을 쳐다보지도 않고 손만 내젓는단다. 그렇게 쳐다보지도 않고 손만 내저으면 아이들은 더 이상 툴툴거릴 수 없다는 걸 재빨리 알아차리지."

아직은 안 돼, 좀더 크면 사줄게

슈퍼마켓에서 떼를 쓰는 아이들에 대해 줄리는 이렇게 말했다.

"문제는 부모들에게 일관성이 없는 거야. 어떤 땐 아이들이 해달라는 대로 다 해주고, 또 어떤 때는 그렇게 하지 않거든. 그러면 아이들은 자기네가 원하는 걸 가지려고 더 떼를 쓰게 돼 있어. 아이들이 떼를 쓸 때 가장 좋은 방법은 아무리 떼를 써도 원하는 대로 안 된다는 걸 가르쳐주는 거야. 그리고 웃으면서 이렇게 말하면 된단다. '아직은 안 돼. 좀더 크면 사줄게' 하고 말야."

귀신이 나온다며 무서워하면
'부가부가!' 큰 소리로 마술 주문을 외운다

내 친구의 아이들 중에 여섯 살짜리 꼬마가 있는데, 혼자 어두운 방에 들어가는 걸 유난히 무서워한다고 한다. 이유인즉슨 다른 아이한테서 깜깜한 곳에 가면 괴물이 나온다는 얘기를 들었다는 것이다. 친구 부부는 아이를 안심시키려고 여러 가지 방법을 써보았지만 모두 헛수고로 돌아갔단다. 그러다 마침내 기발한 아이디어를 생각해냈다고 한다.

"애야, 방에 들어가기 전에 큰 소리로 '부가부가'라고 외쳐봐. 그럼 괴물이 놀라서 도망갈 거야."

이 방법은 굉장한 효과를 발휘했고, 그 이후로 친구 부부는 거실에 앉아 있다가 복도 저쪽에서 '부가, 부가, 부가!' 하고 외치는 귀엽고도 용감한 목소리를 들으면서 웃곤 한다는 것이다.

엄마, 형이 귀신을 총으로 빵 쏴버렸어

우리 집의 세 살배기 미카엘도 벽장 속에 귀신이 있다며 무서워했다. 미카엘은 일곱 살 되는 형 패트와 함께 잤는데 밤새 귀신 때문에 무서워서 제대로 잠들지 못했다. 그래서 우린 방에 불을 켜주고 벽장을 열어놓고는 아이를 안심시켰다. 또 아이가 잠들 때까지 옆에서 지켜주었다.

그렇게 일주일 정도가 흘렀는데, 어찌 된 영문인지 잠자리에 들어서도 미카엘이 무섭다는 소리를 하지 않는 것이었다. 그 이유를 물었더니 이렇게 말했다.

"형이 귀신을 총으로 빵 쏴버렸거든."

미카엘의 얘기를 듣는 순간 새로운 걸 알게 되었다. 그러니까 귀신이 진짜로 있다고 믿는 아이들에겐 말로 안심시키는 것보다 구체적인 행동을 보여주는 것이 훨씬 효과적이라는 사실을 말이다.

귀신 잡는 스프레이를 만들어준다

귀신 문제에 대해선 한 아버지가 결정적인 답을 주었다.

"우리 딸이 귀신을 무서워하기 시작했을 때 전 스프레이 타입의 공기청정제를 하나 샀답니다. 그리고 공기청정제 상표 위에다 귀신 그림과 '귀신 잡는 스프레이' 라는 문구를 붙였죠. 그런 다음 귀신이 나타날 때마다 스프레이를 뿌리라고 얘기해줬어요. 그 후 우리 집에선 귀신이 싹 사라졌고 우린 편안하게 잘 수가 있었답니다."

어떻게 하면 좋을지 잘 알아본 다음에
너한테 얘기해줄게

많은 부모들이 한숨 섞인 목소리로 푸념을 늘어놓곤 한다.

"도대체 요즘 아이들은 어떻게 다뤄야 할지 모르겠어요. 우리 어렸을 적엔 꿈도 꾸지 못했던 일을 하겠다며 졸라대거든요. 그럴 땐 어떻게 하면 좋을까요?"

이 문제에 대해 아동발달센터의 교사들은 아주 훌륭한 대답을 가르쳐주고 있다.

"그래 좋아. 그런데 엄마는 네 나이 때 그런 일을 해본 경험이 없어서 지금 당장은 뭐라고 얘기해야 할지 모르겠구나. 그게 정확히 어떤 일인지, 또 어떻게 하면 좋은지 잘 알아본 다음에 얘기해줄게."

이런 식의 대답은 부모들의 입장을 충분히 설명하면서도 아이들 기분을 상하게 하지 않는다. 아울러 쓸데없는 토론을 지루하게 끌지 않고 깨끗이 끝낼 수 있도록 도와준다.

'이야기 들려주기'는 매우 효과적인데도
부모들이 잘 활용하지 않는 방법이다

　'이야기 들려주기'는 아이를 키울 때 매우 효과적으로 활용할 수 있는 방법이다. 돈 한푼 들이지 않고도 모든 부모들이 언제 어디서나 손쉽게 써먹을 수가 있다. 그렇지만 시간이 걸리고 다소 귀찮다는 이유로 많은 부모들이 잘 활용하지 않는다.

　아이들은 무슨 이야기가 되었든, 엄마나 아빠가 자기한테 이야기를 들려준다는 것만으로도 굉장히 즐거워하고 재밌어한다. 내용이 어려워서 잘 알아들을 수 없다 해도 말이다.

　우리 집 아이들은 머리를 감거나 샤워하는 걸 지독히도 싫어했기 때문에 매번 머리를 감길 때면 한바탕 전쟁을 치르곤 했다. 그러고 나면 힘이 다 빠져버려 기진맥진 기운이 하나도 없었다. 아무래도 안 되겠다 싶었고 뭔가 특별한 처방이 필요하다는 생각이 들었다. 그렇게 해서 생각해낸 방법이 바로 '이야기 들려주기'다.

　나는 아이들 머리를 감겨줄 때 야단법석을 떨지 않으면 내가 직접 만들어낸 '부부'와 '니키'의 얘기를 들려주기 시작했다. 그러자 정말 희한하게도 아이들은 이야기를 듣는 동안 조용히 머리를 감았다. 머리를 감는 동안 발버둥을 칠 때면 이야기의 긴장도를 높여 좀더 흥미진진하게 들을 수 있도록 했다.

　'이야기 들려주기'는 장거리 여행을 할 때도 매우 효과적이었다. 아이들이 심심해할 때 말썽을 부리거나 소란스럽게 굴지 않겠다는 조건을 내걸고는 이야기를 들려주는 것이다. 만약 아이들이 떼를 쓰거나 싸우면 이야기를 멈춰버렸고, 그러면 아이들은 서로 조용히 하라며 자기들끼리 문제를 해결해나갔다.

이다음에 클 때까지 이 샐러드를 아껴두고 싶어요

언젠가 요리사들이 쓴 책을 아주 재미나게 읽었던 적이 있다. 그 책에는 요리사들이 집에 있을 때 무슨 음식을 만드는지, 또 그 음식을 먹으면서 온 가족이 어떤 대화를 나누는지가 실려 있었다. 그 중에 슈미츠라는 요리사 부부가 쓴 글이 아직도 기억에 남는다.

그 부부는 자기 아이들이 무슨 음식이건 꼭 한 번씩은 맛을 봐야 한다는 원칙을 세웠다고 한다. 하지만 아이들은 또 그들 나름대로 원칙에서 빠져나가기 위해 갖가지 꾀를 생각해낸다는 것이다. 예를 들어 이런 식으로 말이다.

"이건 정말 맛있어 보여요. 아마 내가 나중에 커서 먹으면 진짜로 좋아할 것 같아요."

"내가 이다음에 클 때까지 이 샐러드를 아껴두고 싶어요."

가족사진은 가장 소중한 보물

대다수 부모들은 크리스마스 때나 뭔가 특별한 일이 있을 때면 멋진 가족사진을 찍고 싶어한다. 하지만 아이들 생각은 또 다르다. 가족사진을 찍느라 이것저것 준비하는 게 귀찮기도 하고, 왜 부모들이 가족사진을 찍으려 하는지 그 이유도 잘 모른다. 결국 부모는 매년 기념 사진을 찍기 위해 아이들과 입씨름을 벌일 수밖에 없다.

한 아버지는 이런 식으로 해결했다고 한다.

"사진 찍을 때 한번 활짝 웃어봐줄래? 그러면 나중에 귀신 흉내를 내는 사진을 찍어줄게. 재밌을 거 같지 않니?"

이렇게 구슬르고 나면 아이들은 여러 가지 다양한 표정으로 즐겁게 사진을 찍었고, 나중엔 귀신 흉내를 내면서 무척 신나했다는 것이다. 그리고 이런 말도 덧붙였다.

"그때 찍어둔 사진들이 이젠 아이들에게 가장 소중한 보물이 되었답니다. 가끔씩 아이들이 저한테 고맙다는 말을 하죠."

나중에 네가 아이를 낳으면 실컷 놀게 해주렴.
대신 집안일은 전부 네가 해야 돼

수잔이라는 한 엄마가 보내온 편지 내용이다.

"우리 딸아이는 내가 일을 시키면 이렇게 불평을 늘어놓죠. '내 친구들 중엔 나처럼 집안일을 하는 애가 아무도 없어. 걔네들은 실컷 논단 말야. 이건 정말 불공평해.' 그때 전 너무도 멋지게 반격해냈답니다. 그 얘기를 꼭 들려드리고 싶어요.

저는 딸 넷을 키웠는데 언젠가 한 아이가 그런 말을 하는 거예요. 잠깐 멈칫했죠. 뭐라고 대답하면 좋을까? 그런데 문득 아주 명쾌한 답이 떠오르더라구요. 바로 이런 거였죠.

'질, 이다음에 네가 결혼해서 아이를 낳으면 지금 네가 하고 싶어하는 걸 다 하게 해주렴. 놀고 싶어하면 실컷 놀게 해주고 집안일을 하기 싫어하면 하지 말라고 해. 설거지, 세탁기 돌리기, 쓰레기통 비우기, 방청소 같은 건 아이들한테 시키면 안 되겠지. 그러면 아마 아이들은 분명히 좋아할 거야. 하지만 이것만은 꼭 기억해야 돼. 그 많은 일들을 너 혼자 다 해내야 한다는 걸 말야.'

내 말을 듣고 아이는 얼굴이 좀 붉어지는가 싶더니 이내 세탁기를 돌리기 시작하더라구요. 그 후론 다시 그런 얘기를 안 한답니다."

불만이 있으면 서로 싸우지들 말고
편지를 써서 가져와라

아이들끼리 티격태격 싸울 때 평화롭게 해결할 수 있는 방법은 없을까? 한 엄마가 아주 기발한 아이디어를 가르쳐준 적이 있다.

"제 생일이었던 걸로 기억돼요. 그때 전 두 딸 사이의 싸움을 해결할 수 있는 새로운 기술을 알게 되었답니다. 큰딸 파울라가 동생 라울라를 비난하면서 부엌으로 들어온 거예요. 그래서 전 이렇게 얘기했죠. '파울라, 오늘은 엄마의 생일날이야. 너희들 싸움 땜에 엄마 기분이 엉망이 되지 않았으면 좋겠어. 그러니까 만약 네가 원하는 게 있다면 엄마한테 편지를 써라. 그럼 내가 있다가 잠자기 전에 읽어볼게. 잘 알아듣겠지?' 물론 작은아이한테도 그렇게 하라고 시켰죠. 그랬더니 시끄럽게 이어지던 말다툼이 멈췄고 잠시 있다가는 같이 놀기 시작했어요. 그야말로 멋지게 해결된 거죠.

나중에 아이들이 쓴 편지를 읽어봤더니, 파울라가 쓴 편지에는 '내가 아무리 라울라한테 소리를 지르더라도 라울라가 나한테 소리를 지르거나 거짓말을 하지 않았으면 좋겠어요'라고 써 있더라구요. 그런데 재미있었던 건 라울라의 편지였어요. 뭐라고 써 있었느냐 하면 '파울라 언니가 쓰는 건 뭐든지 절대 믿지 마세요' 하는 거예요. 나중에 라울라한테 왜 그렇게 썼느냐고 물어보니까 '사실은 언니랑 왜 싸웠는지 잘 생각이 나지 않았어요'라는 거예요. 정말 재밌지 않으세요?

얼마 후에 파울라가 또 동생 때문에 투덜거리면서 들어오길래 이번에도 조용히 '편지로 써서 가져와라' 하고 말했죠. 그랬더니 파울라가 하는 말이 '편지로 쓸 만한 일은 아냐' 그러더군요. 그래서 전 파울라한테 말했죠. '그럼 엄마한테 투덜거릴 일도 아니구나.'

파울라는 이달말에 결혼할 거예요. 물론 라울라가 들러리를 서줄 거구요. 가끔씩 두 아이는 예전에 자기들이 썼던 불평 편지 얘기를 하면서 웃는답니다. 아이들은 그 편지를 제가 모아두길 바랬고, 요즘 다시 읽어보고는 무척 재밌어해요."

오늘 저녁 메뉴는 신데렐라야.
맛있게 먹었으면 좋겠다

한 엄마가 자신의 어렸을 적 경험담을 들려주었다.

"옛날에 저희 집은 농사를 지었어요. 아버지하고 오빠들 넷이 모두 함께 일했죠. 그런데 아버지와 오빠들은 일을 마치고 돌아오면 엄마한테 꼭 물어보는 거예요. '오늘 저녁엔 뭘 먹을 거예요?' 옆에서 듣는 제가 지겨울 정도로 매번 물어봤어요. 그러니 엄만 오죽하셨겠어요. 그래도 엄마는 한 번도 화를 안 내셨어요. 대신 간단하게 '신데렐라'라고만 대답하셨죠. 간혹 오빠들이 '신데렐라말고는 뭐 없어요?'라고 물어볼 때가 있었는데 그때도 엄마는 전혀 흔들림 없이 고개만 끄덕거리셨어요."

질문에서 완전히 벗어나는 아주 엉뚱한 대답. 그것은 아이들이 매번 똑같은 질문으로 짜증나게 할 때 화내지 않으면서도 간단히 문제를 해결할 수 있도록 도와준다.

뭘 먹을 거냐고 제일 처음 물어본 아이를
그날의 식사 당번으로 정한다

또 다른 엄마는 이런 얘기를 들려주었다.

"우리 아이들이 직접 음식을 만들 수 있을 만큼 컸을 때, 저는 문 앞에다 이렇게 써붙였어요. '저녁 메뉴가 뭐냐고 제일 처음 물어본 사람이 그날의 저녁 식탁을 책임져야 한다.' 그랬더니 아이들은 마치 경쟁이라도 하듯이 모두들 자기 방 안에 꼭 틀어박혀서는 누군가가 먼저 그 말을 하길 기다리는 거예요. 그리고 저희들끼리 누가 먼저 했느니, 나중에 했느니 소란스럽게 싸울 때도 있죠. 그럴 때면 물론 저한테 와서 심판을 해달라고 하는데, 그럼 전 이렇게 말한답니다. '좋아. 하지만 엄마가 심판해주기 전에 우선 엄마가 어떤 결정을 내리든 간에 무조건 따르겠다는 동의서부터 쓰도록 해라.' 그렇게 해버리면 아이들은 자연스럽게 저희들끼리 문제를 해결하죠."

아이들도 때론 심심하게 지낼 필요가 있다.
늘 즐겁고 바쁜 것만이 좋은 건 아니다

이 얘기는 일곱 살, 아홉 살, 열일곱 살, 열아홉 살 된 아이 넷을 키우고 있는 엄마가 들려준 것이다.

"아이들을 여럿 키우다보니 집 안이 항상 시끌시끌, 말도 많고 탈도 많죠. 하지만 큰 아이든 작은 아이든 아이들이 갖고 있는 생각은 다 비슷비슷한 것 같아요. 부모한테 간섭받기 싫어하고 자기 마음대로 여기저기 돌아다니고 싶어하고 말예요. 조금만 심심해도 뭔가 재밌는 일이 없을까 하면서 툴툴거리는 것도 그렇구요.

그런데 이것 하나만은 확실하더라구요. 아이들이 심심하다고 투덜거릴 때 부모가 옆에서 자꾸 이거 해보겠니 저거 해보겠니 하는 것보다, 그냥 심심해하게 내버려두는 것이 훨씬 좋다는 거예요. 아이들이라고 해서 항상 즐겁고 바쁘게 지낼 필요는 없거든요. 오히려 심심한 게 어떤 건지, 또 심심하게 지내지 않으려면 어떻게 해야 하는지 스스로 방법을 터득하도록 해줘야 해요. 어려서부터 일찌감치 그걸 깨닫도록 해야 나중에 단순히 지루하고 심심하다는 이유만으로 마약을 하거나 파괴적인 행동을 저지르지 않게 된답니다. 저는 우리 아이들이 '심심해 죽겠다'고 하면 '그래 알았어'라고 한마디만 던지고는 그냥 내버려둔답니다. 그럼 저희들이 각자 알아서 해결 방법을 생각해내죠. 제 경험상 그 방법이 제일 좋은 것 같아요."

툭 튀어나온 입이 정말 멋지구나.
얼마나 더 그렇게 하고 있을 수 있겠니?

아이가 유난히 툴툴거리거나 심통을 부리면서 입을 삐죽 내밀고 있으면 아무래도 신경이 거슬리게 마련이다. 이럴 때 우리 부부는 다음과 같은 방법을 썼다.

우선, 아이들이 툴툴거리기 시작하면 우리도 다른 일에 대해 툴툴거렸다. 그러면 아이들은 제풀에 질려 더 이상 투덜거리지 않았다. 아니면 이렇게 말하기도 했다.

"자, 앞으로 딱 3분 간만 툴툴거려라."

"툭 튀어나온 입이 정말 멋지구나. 얼마나 더 그렇게 하고 있을 수 있겠니?"

그러고 나면 대개는 웃으면서 문제가 해결되었다.

언니가 먹을 송아지 간과 양파는
우편으로 부쳐줄 생각이란다

한 엄마가 보내온 편지 내용이다.

"저희는 한 달에 한 번씩 송아지 간과 양파를 먹는답니다. 물론 아이들은 싫어하죠. 큰아이가 대학에 진학하면서 학교 기숙사로 떠나자 작은아이가 말하더라구요. '언닌 참 좋겠다. 이젠 송아지 간과 양파를 먹지 않게 되었으니 말야. 아빠, 언니가 없는데도 계속 이걸 먹어야 돼요?'

그러자 아이 아빠가 이렇게 답했죠.

'그렇단다. 우린 언니 몫의 송아지 간을 우편으로 부쳐줄 생각이란다.'

그 얘길 들은 아이는 아무 말도 못하더라구요."

집안 분위기가 어둡고 무거울 땐
신나는 가족 이벤트를 벌인다

집안 분위기를 밝고 명랑하게 만들려면 어떻게 해야 할까? 한 엄마가 그 방법을 알려주었는데, 정말이지 지혜롭고 현명한 방법이라는 생각이 든다.

"가끔 온 집안이 이상하게 자꾸 삐걱거리면서 말다툼을 벌이고 서로 싸우는 날이 있어요. 마치 서로 맞지 않는 나사를 억지로 맞추려고 애쓸 때처럼요. 그런 날이면 저는 아주 맛있고 특별한 디저트 요리를 준비하죠. 그리고 식구들한테 디저트를 다 먹지 않으면 저녁을 먹을 수 없다고 얘기한답니다. 또 디저트를 제일 먼저 먹는 사람한테 특별 용돈을 주는 이벤트를 벌이죠. 이런 이벤트를 하고 나면 저절로 기분도 좋아지고 집안 분위기가 한결 밝아지죠."

뒷마당 끝에 각각 따로 서서
큰 소리로 마음껏 소리지르며 싸우거라

내가 보는 데서는 싸우지 말라고 여러 번 경고를 했는데도 아이들이 말을 듣지 않고 자꾸만 싸우는 것이었다. 나는 뭔가 다른 방법을 찾아야겠다고 생각했다.

"얘들아, 아무래도 안 되겠다. 너희들 둘 다 뒷마당으로 가서 넌 왼쪽 끝에 서고 넌 오른쪽 끝에 서라. 그런 다음 너희들이 원하는 대로 원을 그린 후에 그 속에 들어가서 큰 소리로 싸우도록 해. 하지만 절대로 선을 넘어서는 안 된다. 그렇게 계속 싸우다가 지치게 되면 그땐 아무데서나 놀아도 돼."

이 방법은 굉장히 효과적이었다. 특히 겨울엔 더 그랬다.

싸우고 싶은 일을 목록으로 만들어서
한 가지당 5분씩 신나게 싸워본다

한 엄마가 이런 편지를 보내왔다.

"당신은 오늘도 하루 종일 골머리를 앓으며 속을 푹푹 끓이고 있군요. 그럼 이 방법을 써보세요. 우선 차분히 의자에 앉은 다음 아이와 함께 오늘 하루 부딪히게 될 일을 세 가지 이상 종이에 써보는 겁니다. 그리고 나선 시간을 정해 한 가지당 5분씩 싸우세요. 신나게 싸우고 난 뒤엔 잠시 숨을 돌리고 다음 문제를 갖고 싸우면 되죠. 아마 세 가지 정도를 이렇게 하고 나면 한결 기분이 좋아질 거예요."

나 정도면 귀엽게 심술부리는 거야.
나보다 더 못된 엄마들이 얼마나 많은데

민디라는 엄마는 딸이 시비를 걸 때 이런 식으로 멋지게 해결한다.

"우리 딸아이가 '이 세상에 엄마처럼 심술맞은 사람은 다시 없을 거야!' 하면 저는 이렇게 응수해버린답니다. '나 정도면 귀엽게 심술부리는 거야. 근데 나보고 이 세상에서 가장 심술맞다구? 어머나… 신데렐라의 계모를 생각해봐. 엄마보다 훨씬 못된 사람인데. 헨델과 그레텔의 엄마는 또 어떻구? 걔네들 엄마는 일부러 숲속에다 아이들을 버렸잖아. 진짜 나쁜 엄마라고 생각하지 않니?…' 그런 식으로 아이가 그만두라고 할 때까지 계속 주절주절대는 거죠.

그리고 아이가 '엄마, 나 귀 뚫어도 돼?' 하면 이렇게 말해줘요. '물론이지. 단, 네가 일흔다섯 살이 되면. 아니지, 그건 너무 늦은 것 같다. 그럼 예순둘? 쉰셋? 맞아, 맞아. 마흔아홉이 좋겠다. 그것도 많다구? 그렇다면 서른일곱은 어떠니? 자, 네가 한번 말해볼래? 좋아, 그렇담 자동차를 운전할 나이가 되면 그땐 얼마든지 귀를 뚫어도 돼.' 딸아이는 내가 그런 식으로 유연하게 조절해서 절충해주면 만족스러워했어요."

똑똑한 부모는 바로 이런 것이다.

10

사랑하는 아이들에게
꼭 들려주고 싶은 말

다시 아이를 키운다면
어떤 부모가 되고 싶으세요?

나는 과거 20년 동안 수많은 부모들과 만나 이야기를 나누었다. 그러면서 경험 많은 부모들을 만나면 항상 조언을 구하곤 했다. "만약 한 번 더 아이를 키울 기회가 주어진다면 어떤 부모가 되고 싶으세요?"

내가 들었던 얘기들 가운데 지금도 가장 기억에 남는 것은 오십 대쯤 되는 한 어머니가 들려준 얘기였다.

"다시 아이들을 키우게 된다면 아이들에게 '사랑한다' 는 말을 많이 해주고 싶어요."

그분의 얘기를 다른 부모들에게 했을 때 나이 든 분들은 한결같이 고개를 끄덕였다. 모두들 아이들을 야단치지 않고 더 많이 사랑해주겠다고 했다. 부모가 아무리 아이들의 타고난 성격과 기질을 바꿔주려고 애써도 아이들은 제 나름의 방식대로 살아가게 마련이다. 만약 우리가 아이들을 있는 그대로 인정하고 열린 마음으로 사랑한다면 서로 더 많이 사랑하게 될 것이다.

부모가 아이들에게 이렇게 저렇게 하라고 야단치고 잔소리를 하는 것은 마치 자동차의 경고음과 비슷하다. 몇몇 경고음은 심각한 문제가 있다는 걸 말해주고 부드럽게 운전하라고 알려주지만, 사실 대부분의 경고음은 운전하는 데 오히려 방해가 될 뿐이다. 대개 부모들은 아이들의 행동이나 학교 성적에 관심을 쏟느라 아이를 키우는 동안 즐거운 추억이나 아름다운 일을 만들 겨를이 없다.

그러다 아이를 다 키우고 나서야 옛 추억을 돌아보며 그때가 얼마나 행복했었는지 깨닫게 된다. 늘 방 안을 지저분하게 어질러 놓던 아이가 어느새 훌쩍 자라 자기 집을 깨끗하게 정리정돈하는 어른이 되고, 항상 숙제를 빠뜨려 애를 먹이던 아이가 사회적으로 성공한 사람이 되어 있는 걸 보게 된다. 그때서야 우리는 때늦은 후회를 한다. 아이들이 어른이 되는 데 가장 필요한 영양분, 즉 사랑의 표현에 너무 인색했다는 걸 인정하는 것이다.

아이들은 모두 하나의 온전한 인격체이며, 훈련을 거듭하면서 어른이 되어간다. 이 사실을 좀더 일찍 알았더라면 얼마나 좋을까. 부모는 훈련을 도와주는 사람이지, 없던 것을 새로 만들어내는 사람은 아니다. 좋은 코치는 억압하거나 야단치는 것이 아니라 보살피고 격려하고 수용함으로써 훌륭한 선수를 키워낸다. 부모도 그와 마찬가지다. 적절한 사랑과 보살핌으로 아이들을 어엿한 어른으로 탄생시키는 것이다.

우습게도 나의 기억 속에 오랫동안 자리잡고 있는 것은 아이들이 어렸을 적에 했던 이상한 버릇들이다. 우리 아들은 텔레비전을 보면서, 특히 광고가 나올 때면 낄낄대고 웃으면서 시끄럽게 굴었다. 아들이 열 살 무렵이었을 땐 아이의 이런 습관 때문에 나는 굉장히 짜증이 났었다. 하지만 나중에 어른이 되어 집에 와 텔레비전을 보면서 특유의 제스처로 시끄럽게 떠드는 모습을 보았을 때 왠지 모르게 기분이 좋았다. 그 순간 나는 이 모습을 매우 그리워했다는 걸 깨달았다. 사실 그때는 잘 몰랐지만, 당시 아들이 낄낄대며 웃었던 소리는 가족들에게 전해졌고 가족 모두의 기분을 즐겁게 만들어주었다. 만화를 보면서 낄낄거렸을 때, 십대 때 토요일밤의 쇼를 보면서 크게 웃었을 때 아이의 웃음소리는 집 안을 가득 메웠고 가족들은 모두 행복해했던 것이다.

하지만 당시에는 그 웃음소리가 우리를 얼마나 즐겁게 해주었는지 아이에게 말해주지 못했다. 지금 생각해보면, 정말 안타까운 일이다. 앞서의 오십대 어머니가 아이들에게 날마다 사랑한다 말해주고 싶다고 했을 때의 심정과도 같다. 우리는 아이의 약점이나 실수는 거침없이 말하지만 우리를 기쁘게 해주었던 행동에 대해 칭찬하고 인정하는 건 자주 잊어먹곤 한다.

사랑하는 아이들에게 매일 할 수 있는 말, 말없이 사랑을 표현하는 방법

아이들에게 사랑한다고 말하는 데에도 여러 가지 방법이 있다. 사랑한다고 말한다 해서 굳이 아이와 시선을 맞추면서 '난 널 사랑한단다'라고 말할 필요는 없다. 스치듯 툭 던지는 말 한마디나 사소한 행동 하나만으로도 얼마든지 사랑의 마음을 전할 수 있다. 그렇다고 일부러 아이들이 좋아하는 음식을 특별히 준비하라는 소리는 아니다. 또 그렇게 하는 게 꼭 좋은 것만도 아니다. 흔히 부모들은 "우린 정말이지 아이들을 위해 모든 걸 희생하고 헌신한다. 아이들이 그걸 잘 알아줬으면 좋겠다"고 말한다. 하지만 그건 어디까지나 부모 입장에서 하는 소리다. 무조건 희생하고 헌신하는 것만이 전부는 아니다. 아이들은 나중에 부모가 될 때까지는 사랑과 헌신이 뭔지 모른다. 차츰 어른이 돼가면서 자기를 가장 사랑해주는 사람이 부모라는 사실을 확신하는 것이다.

결국 우리 부모들은 아이에게 너를 사랑한다고 주장할 것이 아니라 매일매일 사랑을 느낄 수 있도록 해야 한다. 그러려면 어떻게 해야 할까?

우리가 사랑하는 아이들에게 매일 들려줄 수 있는 말은 바로 이런 것들이다.

"널 보고 싶었어."

"네가 오니까 너무 좋다."

"웃는 모습이 정말 예쁘구나."

"널 보고 있으면 진짜 기분이 좋아진단다."

"잠깐만 내 옆에 와서 앉아볼래?"

"우리 믿음직한 큰아들(작은딸, 막내 등등)."

"네가 내 딸이라니, 정말 난 행복한 엄마야."

"넌 특별해."

"진짜 멋진걸!"

"너무나 놀랍구나!""

"앞으로 더 잘될 거야."

"아빠를 안아주지 않아도 되지만, 아빠는 널 꼭 안아줄래."

"어떤 아이하고도 널 바꾸고 싶지 않아."

"넌 분명히 잘할 수 있어."

"네가 정말 소중하단다."

"네가 웃으니까 나도 절로 웃게 되는구나."

"어디서 그렇게 잘 배웠지?"

"네가 없으면 우린 아무것도 못할 것 같아."

"내가 네 엄마라는 게 정말 자랑스럽다."

"멋진 일이야."

"아빠가 특별히 널 좋아하는 건 말야…"

"세상에 너보다 예쁜 애는 없을 거야."

"어디 있었니? 얼마나 찾았다구."

"넌 이곳을 색다르게 만들었구나."

"엄만 너 없이는 못 살 거야."

"초콜릿보다 네가 더 좋아."

"네가 있어서 정말 다행이야."

만약 어렸을 때 이런 말을 들어본 적이 없어서 입으로 내어 말하기가 쑥스럽고 어색하다면 말없이 사랑을 표현하는 방법도 있다.

윙크하기.
꼭 껴안아주기.
승리의 V자 그리기.
엄지손가락으로 '넌 최고' 라고 표시하기.
등이나 발을 문질러주기.
안마해주기.
간지럼 태우기.
사랑스런 눈길로 바라보기.
다정하게 어깨동무하기.
비밀스럽게 웃음을 나누기.

아이들을 이미 다 키운 나이 든 부모들은 후회 속에 지난날을 되돌아본다. 또 우리가 했던 실수를 젊은 부모들이 되풀이하는 걸 보면 무척이나 안타깝다. 싸울 가치가 없는 일들은 다 흘려버리고 아이들과 좀더 많이 편안하게 이야기를 나누었으면 좋겠다.

나는 아이들을 키우면서 깨닫게 되었다. 방을 지저분하게 어질르거나 음악을 시끄럽게 켜놓거나 형제끼리 다툴 때는 너그럽게 봐넘기고 아낌없는 사랑을 쏟아붓는다면 쓸데없는 싸움과 갈등은 저 멀리 사라진다는 사실을 말이다. 우리의 경험과 지혜를 깊은 애정에 담아 젊은 엄마들에게 전하고 싶다.

즐거운 마음으로 아이들을 키워라.

떼쓰는 아이,
반항하는 아이,
지혜롭게 다루는 방법

아이들이 기분 나쁜 말을 던지거나 반항을 할 때 과연 우리 부모들은 어떻게 대처하면 좋을까? 아이를 화나게 하지 않으면서도 지혜롭게 해결할 수 있는 방법은 없을까?

여기엔 그에 관한 명쾌한 해답들이 실려 있다. 물론 앞에서 이미 많은 것들을 얘기했지만, 이 책을 꼼꼼히 읽어볼 시간이 없거나 지금 당장 답변이 필요한 부모들을 위해 여기에 핵심 내용만을 따로 간추려놓았다.

그런데 이 방법들을 사용할 때 꼭 명심해두어야 할 점이 있다. 절대 비꼬거나 빈정거리거나 얕잡아보듯이 말해서는 안 된다. 똑같은 말이라도 '아' 다르고 '어' 다른 법이다. 부모가 겉으로 드러내지 않더라도 아이들은 말 속에서 금방 감정을 읽어낼 수 있다. 무엇보다 따뜻한 마음으로 아이를 이해하고 걱정하고 감싸주어야 한다. 만약 부모가 아이들을 비꼬거나 얕보게 되면 갈등의 골은 더욱 깊어지고 아이들 마음속에 상처를 남기고 만다.

또 하나, 아주 중요한 것이 있다. 흔히 우리 부모들은 아이의 행동에만 신경을 곤두세우지, 정작 자신의 행동에 대해선 되돌아볼 줄 모른다. 가정의 평화를 위해서 아이들은 쓸데없는 질문이나 불평을 해서는 안 된다고 하면서, 부모들은 아이에게 귀찮은 질문과 듣기 싫은 잔소리를 늘어놓곤 한다. 언젠가 아이들에게 부모들이 하는 말 중에 가장 듣기 싫은 소리가 뭐냐고 물어본 적이 있는데, 수긍할 만한 것들이 상당히 많았다.

부모들이 하는 말 중에
가장 듣기 싫은 말

도대체 몇 번이나 말해야 알아듣겠니?

엄마가 시킨 대로 안 했구나.

넌 뭐가 그렇게 문제냐?

아빠가 너만할 때는 말야…

먹을 게 없어서 맨날 굶는 애들을 생각해봐.

이 얘길 너한테 수천 번도 더했을 거다.

엄마가 그렇게 하라고 했으니까 잔말 말고 그렇게 해.

좀더 잘할 수 없겠니?

어른이 시키면 시키는 대로 할 것이지, 무슨 말이 그렇게 많니?

아빠 널 도저히 좋아할 수가 없구나.

웃지 말고 좀 진지해지면 안 되겠니?

엄마가 하라면 해.

넌 낭비가 너무 심해. 너 땜에 우리 집이 가난해질 것 같아.

네가 우리 집을 망치고 있어.

네가 무슨 일을 하든 더 이상 상관 않겠다.

이건 다 널 위해서 하는 거야.

왜 그렇게 굼뜨니?

돈이 전부는 아니야.

이건 정말 너무 심하구나.

이다음에 너도 커서 꼭 너 같은 자식 낳아서 키워봐라.

이 세상에 너를 사랑하는 건 이 엄마뿐이야.

아빠가 오실 때까지 기다려.

남들이 장에 간다고, 너도 거름 지고 장에 갈 거니?

할 만한 가치가 있으면, 좀 잘해보려고 노력해야 하지 않겠니?

왜 그렇게 아직도 어린애 같은 짓을 하니?

오늘은 어땠어?

널 사랑해. 하지만…

세상에, 누가 그런 파티에 간다는 거냐?

일 좀 해라, 일 좀 해!

뭔가 좋은 말을 못하겠으면, 아예 입 다물고 있어라.

음악 소리 좀 낮춰!

아이가 반항할 때
말없이 평화롭게 대응하는 방법

마치 꿈꾸듯이 먼 곳을 바라보면서 슬프게 한숨짓는다.

계속해서 궁금하다는 표정을 짓는다.

놀라거나 기쁜 얼굴로 아이를 바라본다.

고개를 푹 떨구고 슬픈 표정을 짓는다.

입을 꽉 다물고 생각에 잠긴다.

의심스러운 눈초리로 쳐다본다.

윙크한다.

너그럽게 미소짓는다.

사랑스런 표정으로 미소짓는다.

활짝 웃는다.

갑자기 아이를 껴안는다.

아이를 빤히 쳐다보며 뭔가를 열심히 적는다.

요요 같은 장난감을 꺼내서 논다.

손톱을 깎거나 매니큐어를 바른다.

시계를 보고 시간을 적어둔다.

사색에 잠기는 자세를 취한다.

눈을 감고 국기에 대한 맹세나 주기도문을 소리내지 않고 계속 외운다.

밖으로 나가버린다.

아이가 입을 삐죽이 내밀거나, 눈을 부릅뜨거나,
느물거리거나, 잔뜩 찌푸리고 있을 때

(웃으면서) 넌 그러고 있을 때가 제일 예쁘더라.

얼마나 오랫동안 그렇게 하고 있을 수 있겠니?

입 안 아프니?

정말 근사하군. 아빠가 퇴근하실 때까지 그러고 있을 수 있겠니?

도대체 너 뭘 보고 있는 거니?

혹시 눈에 뭐가 들어간 거 아니니?

눈빛이 좀 이상하구나. 아무래도 안과에 한번 가봐야겠다.

너 이러고 있을 때 보면 꼭 삼촌 같아. 삼촌은 말야…(그러면서 주절주절 이야기를 길게 늘어놓는다)

입술이 툭 튀어나오면 잘생긴 얼굴이 망가진단다. 그래서 사람들은 절대 그렇게 하지 않지.

(여기저기 찬찬히 뜯어보면서) 그렇게 하고 있으면 입술이 아프지 않니?

난 한번도 입술을 내밀어본 적이 없거든. 그러니까 입술 내미는 방법을 나한테 가르쳐줄래?

난 네가 투덜투덜 불평을 늘어놓는 것보다 입술을 내밀고 있는 게 훨씬 좋단다. 왜냐하면 불평 소리 때문에 귀가 따갑지 않거든.

아이와 싸우다 휴전을 하고 싶을 때

지금 당장은 어떻게 하는 게 좋을지 모르겠다.

너에 대해 생각할 시간이 좀 필요하구나.

네 방으로 가서 그 문제를 조용히 생각해보지 않겠니?

자꾸 그런 식으로 말하면 엄마는 더 이상 들어줄 수가 없어.

지금은 미칠 것 같으니까 잠시만 떨어져 있자.

내가(또는 네가) 이 문제를 정리하려면 잠시 동안 혼자 있을 시간이 필요할 것 같다.

오늘밤에 다시 한번 찬찬히 생각해본 후에 내일 다시 나한테 와서 물어봐줘.

네가 옳을지도 몰라. 하지만 다시 한번 생각해보면 내가 옳을 수도 있단다. 그러니까 다시 한번 생각해보자.

잠시 시간을 갖도록 하자.

음… 정말 흥미로운 싸움이구나.

네가 그렇게 말하면 아빠 마음이 아프단다. 그러니까 이런 말은 듣고 싶지가 않아.

우린 서로 어떤 기분인지 잘 알고 있어. 그러니 그것에 관해 얘기해보는

222

게 어떻겠니?

넌 항상 우리보다 너 혼자 있는 걸 좋아하는 것 같던데, 왜 네 방에 가서 혼자 있지 않는 거지?

아이들끼리 티격태격 싸울 때

앞으로 3분 간만 더 싸울 수 있다. 그러고 나면 엄마가 너희들을 각각 따로 떼어서 몇 가지 집안일을 시킬 생각이야.

도저히 같이 놀 수 없겠다면 그건 어쩔 수 없는 일이지. 이제부턴 혼자서 놀도록 해라.

이건 순전히 너희들 싸움이니까 충분히 그럴 권리가 있어. 그러니까 엄마한테 와서 얘기하지 마. 엄만 상관하고 싶지 않거든.

아빤 지금부터 한 시간 동안 너희들을 따로 떼어놓으려고 해. 너희들이 좀더 크면 지금보다는 훨씬 잘 지낼 수 있겠지.

음… 어제도 똑같이 싸웠지? 아무래도 너희들은 싸움하는 걸 좋아하나 보다. 그러니까 마음대로 실컷 싸우되, 절대로 엄마 일을 방해하지 말아라.

너희들은 싸우는 게 좋겠지만 엄만 듣기 싫어. 엄마가 안 듣는 데 가서 싸우도록 해.

잠시 휴전을 하면 어떻겠니? 마음이 차분히 가라앉을 때까지 엄만 엄마 방에 가 있을게. 너희들도 잠시 싸움을 멈추고 서로 화해할 수 있을 때까지 너희들 방에 가 있거라.

그래, 잘 지적했다. 지금부터 각자 방으로 가서 문제점에 대해 글로 써서 가져와라.

정말 잘됐군. 엄마를 도와줄 사람이 필요했거든. 자, 너는 마당을 쓸고 또 너는 목욕탕으로 가서 타월을 정리해라.

세상에! 아무래도 너희가 이렇게 싸우는 건 텔레비전에서 폭력 장면을 너무 많이 봐서 그러는 것 같아. 그러니까 오늘은 텔레비전을 못 보게 해야겠구나. 너희가 내일 서로 사이좋게 지낸다면 그땐 텔레비전을 봐도 좋다.

여기에 잠시 앉아서 동생들이 노는 모습을 보는 게 좋겠다. 아마 동생들을 보면서 배우는 게 있을 게다.

다른 아이들이 사이좋게 지내는 걸 봤다면 너의 행동을 돌아볼 수 있겠지.

아이가 꾸물꾸물 게으름을 부릴 때

자, 준비할 시간이다(또는 준비!)

이걸 다 끝내고 나면 테이블을 정리해라.

전화를 다하고 난 뒤, 마당에 떨어진 나뭇잎을 쓸었으면 좋겠구나.

저녁 먹기 전에 쓰레기통을 비울 수 없는 특별한 이유라도 있니?

방을 다 청소하고 난 후에 텔레비전을 켜겠다.

설거지를 해야 하는데, 지금 할래 아니면 샤워하고 나서 할래?

아빤 네가 그러지 않았으면 좋겠다.

엄마가 잊어버리지 않도록 말하고 싶은 내용을 글로 써서 주면 좋겠어.

냉장고에 '고자질 리스트'가 붙어 있거든. 그러니까 거기다 네 이름을 써놓지 않겠니?

넌 정말이지 최고의 고자질쟁이야. 어쩜 그렇게 뛰어나니?

그런 말 해줘서 고마워. (만약 아이가 "아빠는 이 점에 대해 하고 싶은 말이 없나요?"라고 대꾸한다면) 그런 말 해줘서 고마워. (똑같은 말을 계속 되풀이한다)

형(또는 언니, 동생)을 걱정해서 하는 말이니, 아님 형을 곤란하게 만들려고 그러는 거니?

그걸 꼭 아빠가 알아야 한다는 거니, 아님 아빠한테 그냥 말하고 싶은 거니?

엄만 너랑 네 동생을 전부 사랑한단다. 동생 험담을 한다고 해서 널 더 사랑하진 않아.

자, 한번 생각해볼까? 오늘 하루만 해도 넌 벌써 세 번이나 고자질을 했어. 그럼 이번이 몇 번째지?

때론 고자질하는 게 같이 잘 지내려고 애쓰는 것보다 쉽지. 그렇지 않니?

지금 넌 고자질을 하고 있는 거야. 왜 사이좋게 지내려고 해보지 않지?

넌 어린애가 아니잖아.

"정말 불공평해요"라고 툴툴거릴 때

그래, 불공평하지.
이 세상엔 불공평한 일도 많단다.
알아, 정말 이 세상은 지옥이야. 그렇지?

아마 네가 옳을 거야. 하지만 지금은 그걸 해라.
좀 참아라. 엄마도 그게 공평한지 불공평한지 잘 모르겠구나.
그게 진실일까? 지금부터 한번 곰곰이 생각해봐야겠다.

자전거를 탈 때와 사탕을 먹을 때는 불만이 없겠지?
나라마다 각 연방 주마다 지켜야 할 질서가 있지만, 아빠는 세상일이 항상 공평해야 한다고 생각하진 않아.
그게 불공평하다고 누가 말했니?

그렇다고 늘 그런 것도 아냐.
맞아, 인생이란 때론 불공평할 때도 있지.

"내가 꼭 이걸 해야만 돼?"라고 할 때

왜냐하면 네가 가장 똑똑하거든.
똑똑한 사람은 그만큼의 일을 해야 하지 않을까?
엄마가 "하나님, 절 좀 도와주세요!" 했더니 하나님께서 널 선물로 보내
주셨단다.
너한테 잔디깎기를 시키라고 하나님이 엄마한테 말씀해주셨단다.

엄마는 원래 널 괴롭히는 사람이야.
엄마는 마녀야. 물론 현대판 마녀지. 빗자루 대신 진공청소기를 타고 왔
단다.
이 일을 하면 넌 더 훌륭해질 수 있어.
네가 이 일을 하게 되다니, 넌 정말 행운아야.

아빤 그 동안 널 위해서 애썼기 때문에, 너한테 최고를 요구할 수 있어.
널 보고 싶어서 눈에 진물이 날 지경이었는데, 네가 이렇게 나를 도와주
다니 정말 이보다 더 좋을 순 없구나.

다른 사람한테 도움을 청하러 갈 시간이 없었단다.
엄마들은 모두 아이들을 고문하고 싶어하거든.
오늘 너를 간택하고 싶구나.

꼭 네가 해야 할 일이란다.

왜냐하면 지금 일을 마쳐야만 하니까.

가족을 위해 할 수 있는 게 뭘까?

때론 운이 나쁠 때도 있단다.

"1분만 있다가…"라고 말할 때

좋아, 60초만 기다리면 되겠구나.
1분이 아니라 1년이면 어떨까?

10, 9, 8, 7, 6, 5, 4, 3, 2, 1, 1/2, 1/4… 자, 1분 다 됐다!
1분 뒤에 세상이 끝나버리고 그 다음 예수님이 오신다면, 아마 우리집을
이렇게 지저분하게 두진 않으실 거야.

아예 넉넉하게 5분을 주마.
알았어, 타이머를 보자. 1분만 지나면 아빠가 원하는 걸 당연히 해주겠
지?

"재가 자꾸 날 쳐다봐" 하면서 짜증을 부릴 때

축하해. 아무래도 너한테 관심이 있나보다.

엄만 재를 야단치고 싶지 않은걸. 왜냐하면 엄마도 널 보고 있으면 기분이 좋으니까 말야.

예쁜 애를 쳐다보는 건 당연하지.

그럼 너도 재를 똑바로 쳐다보렴. 그게 예의란다.

그걸 어떻게 알았니? 너도 저 아이를 보고 있었니?

글쎄, 그래도 저 아이가 널 때리거나 침을 뱉진 않을 거야. 그러니까 활짝 웃어주렴. 그게 저 아이를 괴롭히는 거란다.

정말 신기하구나. 지금 엄마도 재처럼 널 보고 있었는데.

네가 진짜로 잘생겼기 때문이야.

우리도 좋아하는 사람이 있으면 쳐다보지 않니?

뭔가 다른 게 나타나면, 안 그럴 거야.

"다른 엄마들은…" "다른 아빠들은…"이라고 할 때

그럼 세 명만 이름을 대봐. 그리고 그분들 이름도 써주고. 물론 전화번호를 빠뜨려선 안 되겠지.

내 소개를 해볼까? 내 이름은 너의 엄마란다.

그런데 다른 집 아이들은 이 아빠를 멋지다고 생각한단다.

그래도 그분들과 살고 싶은 건 아니지?

만약 그분들과 살고 싶은 생각이 있다면 그 댁 주소부터 잘 알아둬야 할 거야.

나를 새엄마랑 바꾸고 싶니?

알았어, 미안해. 하지만 엄마 아빠는 행운의 추첨으로 너를 얻었단다.

다른 부모들은 전부 우리보다 마음씨가 좋지.

다른 아이들은 자기들 부모를 사랑한단다.

그분들이 널 키우고 계시니? 실제로 그분들은 너를 잘 모르시잖니, 안 그래?

"맨 나중에 할게"라고 말할 때

그럼 먹는 것도 맨 나중에 먹어라.

꼴찌로 하겠다구? 하지만 이번엔 네가 첫 번째로 해야 돼.

아빠가 기억할 수 있도록 '맨 나중에 하겠다'는 네 말을 수첩에다 기록하고 날짜도 정확히 적어두도록 해라.

그래, 하지만 그렇게 하면 그 일을 두 배로 할지도 몰라.

맨 나중에 하겠다구? 그럼 넌 축구할 때도 너한테 날아온 공을 맨 나중에 천천히 잡을 거니?

좋아, 어떻게 하는지 방법은 잘 알고 있겠지?

안 돼. 맨 마지막엔 내가 할 거야.

연습하느라 시간을 낭비하는 건 별로 좋은 일이 아니지.

물론 그렇게 할 수는 있지만, 그러려면 우선 엄마와 협상을 해야 돼. 안 그러면 이번엔 네가 먼저 해야 해.

넌 잔디를 깎거나 저녁을 준비할 때마다 항상 그러는구나. 그런 말 하는 게 혹시 지겹진 않니?

"지난번엔 허락해줬으면서…"라고 할 때

알려줘서 정말 고맙다.

그땐 내가 잠깐 착각했었나봐.

그날은 내 머리가 약간 어떻게 됐던 모양이다.

현명한 부모는 상황에 따라 융통성 있게 잘 대처하는 법이란다.

그래도 이번엔 허락할 수 없단다.

그땐 그때고, 지금은 지금이지. 상황이란 게 언제나 똑같진 않거든.

이번엔 엄마 뜻대로 되도록 네가 허락해주면 안 되겠니?

네가 계속 그러면 앞으론 그 어떤 것도 허락할 수가 없을 것 같구나.

"엄마는 언제나…" "엄마는 뭐든지…"라고 할 때

'언제나' 란 말은 품사로 얘기하면 부사가 된단다.

'언제나' 라는 건 '1분만' 하는 것보다 긴 시간을 얘기하는 거니, 짧은 시간을 얘기하는 거니?

'언제나 시작할 때마다' 라고 해야지.

정말? 내가 원하면 뭐든지 하겠다구? 와우!

너는 뭐든지…(아이가 하는 것과 똑같이)

다시 한번 생각해보고 저녁 먹기 전이나 전화 걸기 전에, 아니면 텔레비전 보기 전에 좀더 훌륭한 답변을 들려다오.

진짜 멋진 말이구나. 하지만 지혜가 좀 모자라는 것 같구나.

너, 아무래도 많이 지쳐 있는 것 같구나. 그럼 내가 좋은 방법을 하나 가르쳐줄게. 내일 좀더 좋은 생각을 할 수 있도록 오늘은 한 시간 일찍 잠자리에 드는 거야. 정말 좋은 생각이지?

237

"난 아빠(엄마)가 싫어"라고 할 때

(한숨을 푹 내쉬며) 아빠는 널 무진장 사랑하는데.

네가 그럴 거라고 생각했어. 하지만 괜찮아.

지금은 싫어하지만 나중엔 아빠를 좋아하게 될 거야.

싫어하는 것도 삶의 한 부분이지. 전쟁이 일어나는 것도 다 싫어하기 때문이거든.

네가 그렇게 생각해도 변하는 건 아무것도 없단다. 그게 진짜 유감스러워.

네가 이 엄마를 싫어해도 난 너를 너무 사랑해. 아무래도 이게 내 문제인 것 같아.

그럼 앞으로도 계속 엄마를 싫어할 생각이니?

지금은 그렇게 생각하고 있구나. 하지만 아마 다음주엔 분명히 생각이 달라질 거야.

아무리 그렇더라도 엄마는 이 일을 해야만 한단다.

"왜냐하면…"이라고 할 때

'왜냐하면' 다음엔 주어와 동사와 목적어가 따라오거든. 넌 '왜냐하면' 다음에 어떤 주어를 쓸 생각이니?
'왜냐하면' 은 접속사지, 대답이 아니란다.

'왜냐하면' 이란 말을 정말 많이 쓰는구나. 넌 분명히 논리적으로 생각할 줄 아는 아이인 것 같아.
와우! 너를 잘 가르친 보람이 있구나.

어렸을 적엔 '왜?' 라는 말을 많이 쓰더니, 이젠 '왜냐하면' 이란 말을 많이 쓰네.
'왜냐하면' 보다 더 멋지고 근사한 말을 배워보면 어떨까?

"왜 아빠 날 그렇게 쳐다봐요?"라고 할 때

어쩔 수 없이 그랬어… 네가 너무 이뻐서 말야.
난 뭐든지 보는 걸 아주 좋아한단다.
그냥 네가 내 눈에 보이는구나.

널 사랑한다는 걸 이렇게 표현하는 거야.
널 진짜진짜 사랑하기 때문이지.
사람들은 원래 사랑하는 사람을 이렇게 바라본단다.

어제랑 변한 게 없는지 한번 살펴보는 거야.
네가 우리 딸이라는 게 얼마나 기쁜지 몰라.
네 행동이 너무 흥미롭고 독특해서 말야.
넌 뭔가를 생각할 때면 꼭 얼굴 표정이 찌푸려지는구나. 그걸 보고 있으
면 너무 재밌거든. 그래서 이렇게 보고 있는 거야.

240

"동생이면서" "나보다 형이니까" "언니는 컸으니까" "나보다 어리니까…"라고 할 때

재밌군. 그런데 동생은 너에 대해 그렇게 말하지 않던데.
있잖아, 우리 집에선 나이와 성별, 키 크기 갖고 따지는 일은 법률로 금지되어 있단다. 지금까지 이 법률을 몰랐다면 잘 기억해두도록 해라.
하나님은 그렇게 결정하셨지만, 엄마는 아니란다. 그러니까 하나님한테 불평해보렴.

그건 나한테는 아무런 이유가 안 된단다. 너의 이유일 뿐이지.
아니야. 엄마는 바로 그 이유 때문에 네 동생을 더 좋아한단다.
맞아, 그래서 엄마가 네 오빠를 좋아하는 거야.

"그건 제 잘못이 아니에요"라고 할 때

그럼 누구 잘못인지 한번 조사해볼까? 네가 조사관이 돼서 나한테 모든 증거를 제공해줘. 난 판사가 돼서 한번 잘 생각해볼게.

잘못은 아닐지 몰라도, 그건 분명히 네 책임이야.

네가 어떻게 생각하고 있는지 대충 짐작이 간다. 사실 잘못했을 때 벌을 받는 건 어려운 일이지.

내가 책임질 일도 아니지.

근데 문제는 네가 방을 어질러놓았다는 거란다.

이 방에 살고 있는 귀신이 한 짓이로구나. 그런데 이 방에 살고 있는 사람이 누구더라?

"내가 안 했어요"라고 할 때

좋아, 그럼 넌 뭘 했니?

나도 안 그랬어. 자, 어쨌든 간에 깨끗이 치우도록 하렴.

그래, 하지만 다른 사람이 이렇게 했을 거라곤 상상이 안 되는구나. 자, 우선 깨끗이 치워놓아라.

아무도 안 그랬다구? 정말 귀신이 곡할 노릇이군.

잘 알아. 아빠도 내가 어질러놓지 않았는데 청소하라고 하면 진짜 싫거든.

분명히 이건 귀신이 한 짓이야. 우리 중에 누구도 이 일을 하지 않았으니 우리 모두 신경을 써야만 할 것 같아. 안 그러니?

모두 부엌에 모이도록 해라. 그리고 누가 그랬는지 한번 알아보자꾸나.

그리고 가능하다면 우리 모두 함께 청소를 하자.

이해한다. 하지만 무슨 일이 일어났는지 구체적으로 설명해보겠니?

"안 갈 거야. 가고 싶지 않아"라고 할 때

그렇다면 한 시간 안에 그 이유를 전부 써서 보여줄래?

열 살 먹은 아이가 유모차에 앉아 간다는 건 상상만 해도 너무 끔찍한 장면이야.

마치 힘겨루기를 하는 것 같구나. 그런데 너 힘겨루기가 뭔지 아니? 그건 말야, 바로…(아이가 지겨워할 때까지 계속 얘기해준다. 만약 아이가 계속 그런다면 두말 않고 출발해버린다)

사실은 엄마도 가고 싶지 않아. 그러니까 같이 가면서 이 엄마를 위로해주겠니?

좋아, 그럼 넌 집에 있으면서 옷장하고 서랍을 정리하고 또 우릴 위해 저녁을 준비하도록 해라.

엄마, 아빠는 네가 다른 사람들과 즐겁게 놀았으면 좋겠어.

재밌는 말이야. 엄마도 피곤해서 쉬고 싶어.

엄마도 안 가고 싶어. 그러니까 차를 타고 가면서 그 이유를 얘기해볼까?

이해해. 하지만 엄만 너의 도움이 필요하단다.

알아. 가고 싶지 않은 곳에 간다는 건 정말 끔찍한 일이야. 그렇지 않니?

맞아. 가족 모임(또는 교회나 기타 등등)은 지겨워. 그러니까 거기에 가서 뭔가 재미있게 놀거리를 한번 찾아보자.
네 기분을 이해해. 아빠도 그 모임에 가고 싶지 않단다.

"엄마, 약간 이상해진 거 아냐?"라고 할 때

나도 왜 그런지 모르겠구나. (한숨을 내쉰다) 아무래도 너희들한테 전염된 것 같아.

엄마 눈엔 네가 정말로 사랑스러워 보이니, 정말이지 이 엄마가 이상해졌나봐.

널 너무나 사랑해서 절대로 포기할 수 없기 때문이지.

너 같은 꼬마를 다룰 땐 좀 이상해져버리는 게 더 낫지 않을까?

너는 아이들만 이상해진다고 생각하는 모양이구나.

엄마가 이상해진 건 다 전염돼서 그래. 네가 억지부릴 때마다 그게 나한테 잔염된 거거든.

이상해졌다는 건 지금 엄마의 기분이 별로라는 표시야.

(또는 다음과 같은 말을 사용한다)

기분이 처졌다, 듣고 싶지 않다, 말하고 싶지 않다, 정신이 없다, 힘들다, 사라져버리고 싶다, 속 시끄럽다, 할말이 있다, 미칠 지경이다, 불쾌하다, 속상하다, 야단치고 싶다, 소리를 지르고 싶다, 울고 싶다

(위의 말을 기억했다가 상황에 따라 가장 적합한 것을 선택한다. 아니면 전부 사용해도 된다. 그리고 이렇게 덧붙인다.)

너 왜 그런지 알고 싶지 않니?

"저녁때 뭘 먹을 거야?"라고 물을 때

몰라.

아주 맛있는 음식.

토스트 위에 따뜻한 샌드위치를 얹었단다.

나도 잘 모르겠다. 뭔가 꽁꽁 얼린 음식이야.

글쎄, 내가 생각한 뭔가가 있긴 해.

둘 중에 하나를 선택하렴. 먹든가, 굶든가.

돌가루로 만든 수프.

초록색 계란과 햄.

아빠한테 여쭤보렴.

진흙 파이와 개구리눈… 그리고 늘 먹던 것들이야.

네가 좋아하는 거야.

벌의 무릎과 모기의 관절.

시금치, 송아지 간, 그리고 양파(같은 대답을 매일 되풀이한다)

어쩌지? 저녁에 뭘 먹을지 전혀 생각도 안 해봤는데.

네가 뭘 먹을지 얘기하면 그걸로 하지 뭐.

모르겠어. 내일 생각할 거야.

칠판을 한번 봐. 오늘의 스페셜 메뉴가 써 있을 거야.

맛있고 건강에 좋으면서 균형 잡히고 색깔까지 아름다운 최고의 걸작.

지난번 파티 때 먹었던 음식과 똑같아.

지난 수요일과 같은 거야.

깜짝 놀랄 만한 거야.

기름 3그램, 탄수화물 4그램, 많은 섬유소, 410칼로리인 그 무엇.

세 가지만 들어서 맞춰봐. 만약 네가 맞히면 제일 먼저 맛보게 해줄게.

치커리와 샐러리. (아이가 '맛없다'고 하면) 하지만 직접 저녁 요리를 본다면 넌 틀림없이 좋아할 거야.

관심을 가져줘서 기쁘구나. 이건 옛날 중서부 지방에서 먹던 음식인데⋯ (더 이상 아이들이 묻지 않을 때까지 계속한다).

잘 모르겠어. 하지만 싸게 팔 생각이야.

엄마만 알고 있는 요리란다. 너희들이 먹고 난 뒤에 이 음식의 이름을 붙여주겠니?

알 프레스코 알프레도 플로렌틴. (아이가 '그게 뭔데?' 하면) 바로 네 앞에 있는 거야.

여러 가지 다수.

샐러드, 고기, 감자⋯ 등등.

"맛없어" "이게 뭐야?" "먹기 싫어"라고 할 때

이걸 다 먹는 사람한테만 디저트를 줄 거야.

좋아, 네가 먹기 싫다고 해도 기분 나빠하지 않을게.

엄마는 먹기 싫은 음식이 있으면 그걸 제일 먼저 먹어버린단다.

하지만 오랫동안 기억에 남을 거야.

네 사촌 메리도 안 좋아하더구나. 그때가 생각나는데 말야…(끝없이 주절주절 얘기한다)

만약 이걸 오늘 저녁에 먹는다면 내일은 결코 먹지 않을 거라고 약속할 수 있어.

알았어, 잘 기억했다가 요리할 때마다 생각할게.

네 입맛에 맞는 거라면 아마 너한테 그다지 좋은 음식이 아닐 거야.

우리가 이 음식을 이렇게 말하는 것에 대해 넌 어떻게 생각하니?

그렇다면 안 먹어도 돼. 하지만 내일 저녁에도 이 음식을 먹게 될 거야.

음식 투정을 하는 사람이 내일 저녁 식사를 준비하면 어떨까?

그렇다면 네가 이 요리를 직접 요리해보면 어떻겠니?

네가 싫어하는 음식 목록 중에 이 음식이 끼여 있니? 아니라구? 그렇다면 이 음식을 다음달 리스트엔 꼭 끼워넣도록 해라.

249

영양가가 얼마나 많은데!

아마 네 말이 맞을 거야.
애야, 이 음식은 절대 밖에서는 사 먹을 수 없단다. 이 세상에 단 하나밖
에 없는 음식을 이렇게 먹을 수 있다니, 정말 행복한 일 아니니?
지붕을 칠하는 타르 같지?("맛없어"라고 할 때)

"내가 어렸을 땐 못하게 했으면서
왜 동생한테는 허락하는 거죠?"라고 말할 때

아빠도 어렸을 땐 할머니가 허락하지 않으셨어.

너무 오래 전 일이라 기억이 잘 안 나나보구나.

네가 어렸을 때도 엄마가 허락했을 텐데?

알아. 그런데 막상 그렇게 해봤더니 별로 효과가 없더구나. 그래서 마음을 바꿔 먹기로 했지.

그땐 엄마 아빠가 젊었거든.

지금 동생한테는 못하게 하는 걸 옛날에 너한텐 허락해줬단다.

그걸 다 기억하고 있다니, 정말 놀랍구나! 그럼 어렸을 때 저녁 식사로 무얼 먹었는지 기억나니?

포도나무 우화를 들려줘야겠구나. 왜 그 얘기 있잖아, 똑같은 돈을 받으면서도 꼭 늦게 출근하는 사람이 있다면서 불평해대던 그 일꾼들 얘기 말이야.(당신은 단지 한 번만 얘기해주면 된다)

네가 언니(또는 형, 누나, 오빠)잖니. 정말이지 동생을 위해 힘든 일을 많이 했어. 네가 희생한 게 동생한테는 얼마나 다행스런 일이니. 그게 다 좋은 일이지, 뭐. 안 그래?

정말 그랬니? 진짜 세월 참 빠르구나.

251

이걸 허락했을 때 넌 다섯 살 정도였지만, 동생은 지금 일곱 살이잖니? 그러니까 당연히 다를 수밖에 없지.

아무래도 네 기억이 틀린 것 같은데. 다시 한번 곰곰이 생각해보렴.
네가 어렸을 때보다 동생을 더 좋아할까봐 겁나니?
엄마 아빠는 그 동안 노력을 많이 했단다. 그래서 지금은 어떻게 해야 할지 잘 알게 되었단다.
네 동생이 너보다 늦게 태어난 게 정말 다행이다. 안 그러니? 만약 동생이 네 언니라면 어떤 기분이 들까?

"숙제 없어"라고 할 때

그럼 집안일을 하면 어떻겠니?

정말 잘됐구나. 오늘 저녁엔 엄마랑 받아쓰기 공부를 해볼까?

좋아, 여기 할 일이 좀 있구나.

그러면 책 읽을 시간이 충분하겠구나. 어떤 책을 읽으면 좋을지 잘 모르겠다면 엄마가 골라줄게.

그래? 그럼 수첩에다 오늘 날짜랑 '숙제 없음'이라고 써놓으렴. 다음번 '학부모의 날' 때 갖고 가서 선생님께 여쭤볼게.

좋아, 할머니께 편지 두 장을 쓴 다음 엄마한테 가져와라. 제대로 잘 썼는지 맞춤법을 봐줄 테니까.

지금부터 무슨 일을 하면 좋을지 엄마가 목록을 적어주마.

엄마랑 숫자놀이판을 갖고 놀이를 해볼까?(또는 각 주의 수도를 익혀보든가, 낚시에 관한 이야기를 한다)

그럼 엄마가 너한테 아주 특별한 일을 만들어줄게. 사실은 엄마가 요리 방법을 다시 써야 하거든. 아마 너한테는 글쓰기 연습을 할 좋은 기회가 될 거야.

진짜 잘됐다. 안 그래도 엄마가 너한테 숙제를 내줄 게 있었는데.

그래? 그렇다면 우리, 가족 동반해서 드라이브를 떠나보면 어떨까?

그럼 시간이 많이 남겠구나. 지금 엄마가 온몸이 뻑적지근한데 안마 좀
해줄래?

"하지만 아빠는…라고 말했는데"라고 할 때

부부는 원래 일심동체란다. 그러니까 아빠가 뭐라고 그러셨는지는 잘 모르겠지만, 아마 아빠도 엄마 말에 동의할 거야.

그래, 아빠 말이 맞아. 하지만 자세히 설명해주시진 않은 것 같구나.

아빠는 엄마가 너한테 정확하게 답변해줄 거라고 믿고 계시지.

아빠가 엄마한테 얘기하시더라. 네가 지나치게 행동해서는 안 된다고 말야.

네가 이렇게 하는 걸 아빠가 정말 원하실까?

아빠는 네가 엄마 말을 잘 들었으면 하고 바라실 거야.

255

"엄마는 날 못 믿어"라고 말할 때

아니야, 엄마는 널 믿는단다. 내가 못 믿는 건 네가 아니라 네가 처해 있는 상황이야.

여기서 믿고, 안 믿고는 전혀 문제가 되지 않아.

아냐, 엄마는 널 사랑한단다.

(한숨을 푹 내쉬며) 엄만 아무래도 널 너무 사랑하나봐. 이게 바로 진짜 문제지.

이건 믿고, 안 믿고의 문제가 아냐. 아마 다음번에도 우린 이 문제를 갖고 다투게 될 거야. 그러니까 밤에 외출하는 게 좋은가, 안 좋은가를 놓고 진지하게 얘기해보자.

이게 순전히 엄마를 위해서라고 생각한다면 너도 엄마를 믿지 못하고 있는 거다.

"현실을 좀 똑바로 보세요"라고 할 때

엄만 지금 그 어느 때보다 현실을 똑바로 보고 있어.

여태껏 너한테 말하고 있지 않니? 우린 지금 현실 속에 있는 거야. 엄마
가 원하는 건 바로 현실 속에 있어, 특히 바로 지금.

누구의 현실을 말하는 거니? 너의 현실, 아니면 엄마의 현실?

전에도 한번 노력해봤지만, 그건 별로 바람직하질 않아.

현실보다 환상이 더 재미있지 않니?

(시를 읊듯이) 인생은 체리 가득한 그릇이며 무지개빛으로 가득해. 많은
사람들과 사랑할 수 있는 날들이 많지.

"엄마는 항상…" "엄마는 한 번도…"라고 할 때

그래도 나 정도면 꽤 믿을 만한 사람이 아닐까?

넌 '엄마는 늘 그래' 라는 말을 더 좋아하지, 그렇지 않니?

'항상' 이란 말은 영어에서 가장 틀리기 쉬운 단어란다. 너, 그거 알고 있니?

너는 항상 나에게 가르침을 주는구나. 정말 고맙다.

'항상' 이란 말은 '늘 한다' 는 뜻이야. 그렇다면 이 엄마가 늘 하는 행동을 글로 써주지 않을래? 그럼 정말 고맙겠다.

글쎄, 난 한 번도 그런 적이 없단다.

엄마가 지금까지 늘 한 가지 일만 해왔다니, 정말 대단한걸!

엄마가 뭔가를 꾸준히 해왔다는 걸 네가 알아주니 진짜 고맙구나.

'한 번도 허락해주지 않았다' 는 말은 좀 심하지 않니?

네가 그렇게 말하니, 엄마는 앞으로도 쭉 그렇게 해야 할 것 같구나. 물론 기록을 깰 수는 없겠지만 말야.

이런저런 불평을 할 때

아빠도 너한테 하고 싶은 말이 많거든. 자, 우선 네가 하고 싶은 대로 마음껏 불평해보렴. 그럼 아빠도 너한테 편안하게 말할게.

그래, 우리 한번 조목조목 따져보자꾸나.

네가 그렇게 목소리를 바꾸니까 색다른 기분이 드는구나.

앞으로 3분 동안 마음껏 불평해라. 넌 완벽한 사람이니까 불평하는 것도 정말 잘해낼 거야.

(감탄하듯) 그렇게 잘 불평하는 방법을 어디서 배운 거니?

하나 물어보고 싶은 게 있구나. 다른 아이들은 과연 어떻게 불평할까?

언제 어디서나 효과적인
지혜만점 대응법

(사랑스럽다는 듯 부드러운 미소를 띄우며. 절대 빈정거리거나 비꼬는 투로 말해서는 안 된다) 언젠가 너도 너만큼 사랑스럽고 예쁜 아이를 갖게 될 거야.

와! 정말 그러니?

알려줘서 고맙다.

왜 그런 생각을 했니?

왜 그렇게 말하는 거지?

(한숨을 쉬며) 엄마 아빠의 어깨가 정말 무겁구나.(잘못을 저질렀을 때는 아이들도 죄책감을 느껴야 한다)

그것에 대해 기도하자.

그런 식으로 질문하는 건 별로 좋지가 않구나. 왜냐하면 그렇게 해선 좋은 대답을 얻기 힘들거든.

고마워. 우린 좋은 부모가 되기 위해 열심히 배우는 중인데, 그렇게 얘기해주다니 도움이 많이 됐단다.

엄마가 왜 안 된다고 하는지 잘 모르겠니? 그렇다면 다시 한번 자세히 설명해줄게.

불가능하다고 생각하는 거니, 아니면 할 수 없다고 생각하는 거니?

엄마 기분이 좋아지면 집안 분위기도 좋아지는데, 넌 그걸 알고 있니?
사탕을 먹든가, 아님 아무 일도 않고 가만히 있든가, 둘 중의 하나를 골라라.
어떤 걸 선택하느냐는 순전히 너한테 달려 있어.
네가 그걸 싫어해도 좋아. 하지만 그걸 하지 않으면 벌을 받게 될 거야.

왜 못하겠다고 하는지, 그 이유를 듣고 싶다.
저녁 식사가 늦어지진 않을 거야. 다만 준비가 안 됐을 뿐이지.
심술쟁이 엄마들의 학교에서 배웠단다.

엄마(또는 아빠)는 널 믿는단다.
입장을 바꿔서 네가 엄마라고 한다면, 이 문제를 어떻게 해결하겠니?
아마도 내가 널 사랑하기 때문일 거야.

하나님은 엄마한테 널 보내주셨고, 또 너한테 엄마를 보내주셨어. 하나님이 무슨 뜻으로 그렇게 하셨는지 누가 알겠니?
이게 싸울 만한 일이니? 먼저 그것부터 생각해보자.
나중에 너 같은 아이를 키우게 된다면 그땐 더 잘 알 수 있을 게다.

갖가지 반항들에 대해서

집을 나가버릴 거야

알았다. 하지만 집에서 나가기 전에 옷부터 다 벗어놓고 가렴. 엄마 아빠한테 올 때도 알몸뚱이였으니까 갈 때도 그렇게 해야지.

좋아. 하지만 절대 길을 건너서는 안 된다. 이쪽 길로만 가도록 해라.

그래? 그럼 엄마가 먼저 나갈게. 그 다음에 네가 나가거라.

전 완벽한 사람이 아니에요

그래, 알고 있다.

엄마도 마찬가지야.

지겨워

맞아.

나도 그래.

왜 절 낳으신 거예요?

그렇게 괴롭다니, 정말 마음 아프구나.

만약 아빠한테 설명드리면 화내지 않을 거라고 약속하실래요?

화내진 않겠다. 하지만 용서할 거라고 약속하지. (짜증내면서) 어쨌든 네가 아무 말도 하지 않는다면 넌 조금 피곤해질 거다. 맘 편하게 지내고 싶지 않니?

엄마는 날 이해 못해
그래, 이해 못 해. 하지만 널 사랑하기 때문에 그냥 놔둘 수는 없어.

아이와 함께 시리즈 6

'할 수 없니?'
'할 수 있어!!'

─기초지식을 세워주는 아주 특별한 방법

진 롭 · 힐러리 레츠 지음 | 김진 옮김

$$10 \times 30 = 300$$

이제 막 배움의 길에 들어선 우리 아이들에게
무엇을 가르칠지, 어떻게 도와야 할지
두려워하는 부모들을 위해 풍부한 경험에서 우러나온
확실하고도 **놀라운 방법**을 제시합니다.

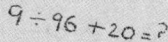

$$9 \div 96 + 20 = ?$$

아이북

'아이에게 도움이 되고 싶다' 어떻게 하면 될까?

꼭 기억하자! 부모는 아이들에게 가장 소중한 친구라는 사실을.

꼭 기억하자! 부모는 아이의 모든 것을 잘 알고 있는 사람이며, 아이들은 언제나 부모를 기쁘게 해주고 싶어한다는 사실을.

그리고 정말로 중요하지만 그 동안 생각해보지 않았던 것들을 다시 한번 떠올리자!

- 우리는 아이들과 함께 일할 수 있다.
- 우리는 아이들과 함께 배울 수 있다.
- 우리는 아이들과 함께 즐겁게 놀 수 있다.

그럼에도 부모들은 늘 불안해한다. 과연 내가 아이들을 잘 키우고 있는 걸까? 아이들이 필요로 하는 도움을 주고 있는 걸까? 혹시 아이들의 재능을 억누르고 있는 건 아닐까?

 **저는 학교 다닐 때 공부를 잘 못했습니다.**
그런데 우리 아이가 공부하는 걸 도와줄 수 있을까요?

물론이다. 가족들에게 멋진 요리를 만들어주기 위해 레스토랑을 운영할 필요는 없지 않은가! 또 단추 하나를 달려고 디자이너가 될 필요도 없고, 반창고를 붙이기 위해 의사가 될 필요도 없다.

그렇다면 어떻게? 지금까지 아이들에게 무엇을 가르쳐주었는지만 잠깐 생각해보자. 아이들은 태어나서 열 살이 될 때까지 매일매일 생활하는 법을 배우게 된다. 또 셈하기, 읽기, 시계보기, 글자 맞추어 문장 만들기, 소지품 간수하기, 안전하게 놀기 등 생활하는 데 필요한 사항을 자연스럽게 익힌다. 다양한 상황에서 다른 사람들과 힘을 모아 서로 협동하는 방법도 배워나간다. 따라서 아이에 대한 부모의 사랑, 뚜렷한 목적의식, 아이를 도와주겠다는 강한 의지만 있으면 된다.

보다 전문적인 지식을 쌓기 시작하는 것은 중학교 이상으로 올라가면서이다. 지금은 아이들에게 '생각하는 법'과 '배우는 법'을 알려주자. 그것만 가르칠 수 있다면 그것으로 이미 준비가 다 된 것이다.

 ## 우리 아이는 친구들하고 놀려고만 해요

아이의 학습에 대한 책임은 부모에게 있다는 사실을 잊지 말자! 부모가 진지하게 그러한 책임을 진다는 것을 아이도 알고 있어야 한다. 그리고 학습이란 가족 간의 일이므로 가족 모두의 시간과 노력, 헌신이 필요하다. 아이들과 협상을 하는 일은 중요하지만, 이 역시 한계가 명확하게 정해졌을 경우에만 받아들여질 수 있는 것이다. 성공적으로 배우기 위해서는 아이도 한계가 있다는 사실을 이해하고 있어야 한다.

예를 들어, 해야 할 숙제가 있는데도 계속해서 친구들하고 놀고 싶어하는 경우가 있을 것이다. 이럴 때 언제 놀고 언제 숙제할 것인지는 선택할 수 있지만, 숙제란 꼭 해야 하는 것임을 알고 있어야 한다.

 ## 어느 정도로 아이를 도와주는 게 좋은가요?

무슨 일을 하든 간에, 일을 끝마칠 무렵에는 아이가 좀더 숙달될 수 있도록 충분히 도움을 주어야 한다. 아이 스스로 자신은 잘 배울 수 있고, 또 배운 것을 활용할 수 있다는 자신감을 느낄 수 있게끔 해줘야 한다는 것이다.

아이에게 주어진 일이 너무 어렵다고 생각된다면 조금씩 해내도록 한다. 그리고 질문을 통해 아이에게 무엇을 할 수 있는지, 이미 알고 있는 것은 무엇인지 알게 함으로써 과제를 완수할 수 있는 지침을 제공한다. 아이가 제대로 해낼 수 없다는 생각을 하도록 내버려두어서는 절대로 안 된다.

 **우리 아이는 학교에 갔다오면 몹시 지쳐 보입니다. 뭔가를 더 시키는 것은 좀 그런데요…**

누구에게든 생활 리듬이 있게 마련이다. 따라서 중요한 것은 아이의 리듬을 알아내는 것이다. 아이의 생활 리듬을 알아낸 후에는 어떻게 다른 가족들과 속도를 맞출 수 있는지 생각한다. 가능하면 아이가 자신의 리듬에 맞춰 생활할 수 있도록 계획을 세우는 것이 좋다.

방과후 아이가 피곤해한다면 기운을 북돋워줄 수 있는 것들을 찾아낸다. 예를 들어 아이가 좋아하는 음식을 만들어준다거나 포근히 안아준다거나 한숨 푹 재우거나 이야기를 하거나 재밌는 책을 읽게 한다. 그런 다음에 숙제와 심부름 등 아이가 해야 할 일을 정리하여 최선을 다하도록 도와준다.

 **내가 도와주려고 하면 아이들은 이렇게 말해요. "학교 선생님은 그렇게 안 한단 말야!"**

"왜 엄마가 가르쳐주는 건 선생님하고 틀려?" 혹은 "학교에선 그렇게 안 해"라고 하면 부모는 금세 기운이 빠져버린다.

어떤 학교에서는 의도적으로 학습 활동에 부모를 참여시키기도 한다. 만약 이와 반대로 학교가 부모에게 도움을 주지 않거나, 또는 아이가 계속해서 엄마, 아빠는 뭘 모른다고 비난해도 아이를 도와주는 일을 포기해서는 안 된다. 엄마와 아빠가 아이들에게 도움을 줄 수 있는 일은 너무도 많기 때문이다.

아이들이 꼭 배우고 연습해야 할 것들
♦ 상대방이 이해할 수 있도록 말하기
♦ 예절바르게 행동하기
♦ 다른 사람들과 잘 어울리기
♦ 맞춤법과 필기에 능숙해지기
♦ 수학은 기호로 이루어진 일상 생활이며,
　그 기호들이 어떻게 작용하는지 깨닫기 등등.

우리 부모들에게 가장 필요한 것은
항상 자신의 생각에 믿음을 갖는 일이다

 ## 아이가 공부하는 걸 도와주기엔 너무 늦은 게 아닐까요?

아이에게 뭔가를 배우는 방법을 가르치는 것이라면 아이가 몇 살이 되었든 상관없이 얼마든지 뒷받침해줄 수 있다. 아이들은 집에서든 학교에서든, 어떻게 해야 선생님한테 잘 배울 수 있는지 그 방법을 알게 되면 그렇게 할 것이다.

교사들은 아이의 나이가 몇 살이든 관계없이 대답을 잘하고 준비물을 빠뜨리지 않고, 무슨 얘기든 귀기울여 들으며, 지시 사항을 잘 따르며 노력하는 아이들에게 깊은 관심을 갖게 마련이다. 또한 용모가 단정하고(깨끗한 옷차림에 깨끗한 손톱, 깨끗한 귀와 코!) 선생님을 잘 바라보고 똑똑하게 말하며 예절바르게 행동하는 아이들에게 더 많은 도움을 주게 된다.

그렇다면 우리 부모들이 아이들에게 무엇을 어떻게 해주어야 하는지 저절로 해답이 나온다.

 ## 딸아이는 공부를 잘하는데 아들 녀석은 그렇질 못해요. 대신 운동은 아주 잘하죠

운동 선수들도 읽기와 쓰기를 배우고 싶어하며, 또 당연히 그래야 한다. 그러므로 아이들의 장점을 살려주면서 단점을 보강해주는 방향으로 이끌어주어야 한다. 우선, 아이들의 행동이나 노력이 어떤 점을 개선시켰는지 그 변화의 과정을 체험하게 해주는 것이 중요하다.

무언가 새로운 행동을 했을 때는 반드시 그 결과를 일목요연하게 정리하고 좋아진 점을 점검한다. 그리고 운동 경기는 물론이고 공부에서도 상위권에 들 수 있는지 파악한다.

무슨 일을 하든 가장 큰 방해 요인은 사고방식이다. 우리가 어떻게 생각하는가를 이해하면 이해할수록 어떠한 문제점(학습을 방해하는 요인)이 있는지를 쉽게 알아낼 수 있기 때문에 문제 해결도 그만큼 쉬워진다. 가능성은 얼마든지 열려 있으므로 사고방식을 개선시키기 위한 전략을 수립할 수 있다. 생각하는 방식이 행동하는 데 어떠한 영향을 미치는지 이해하게 되면 학습장애 요인을 제거할 기회를 더 많이 가질 수 있다.

아이가 스스로 자신의 생각을 깨닫고, 아울러 다른 사람의 생각도 헤아릴 수 있도록 격려해주자.